情報数学の基礎

例からはじめてよくわかる

第2版

幸谷智紀
國持良行
共著

Introduction to Discrete Mathematics

森北出版株式会社

第2版への改訂にあたって

　初版発行以来，著者二人が思っていたよりも多くの方々に本書を手に取っていただいた結果，第2版を刊行するに至った．変更点は

①全面的に二色刷りとなり，本文が見やすくなった

②第1版に残っていたミスを修正した

③「第8章　グラフ」の章を追加した

の3点である．そのほか，記述の変更や図表の差し替えを適宜行ってある．

　本書の狙いは第1版「はじめに」にあるとおり「高校までの数学に関する知識の復習」を行いつつ，「コンピュータを利用するために不可欠な数学知識を学ぶ」こと以外にはない．本書が提供する「これ以下の内容にはできない最低レベル」を学習後，もう少しレベルの高い「離散数学」のテキストや，情報システム関連の論文を読む際の足がかりとなっていれば，狙いは十分に果たせたことになり，著者としてこれに勝る幸せはない．

2020 年 8 月

コロナ禍の最中の

遠州茶畑のど真ん中にて

幸谷智紀・國持良行

はじめに

　本書は，静岡理工科大学において情報数学基礎を担当している幸谷智紀と國持良行が共同で執筆したものである．本来の目的は，コンピュータそのものを理解し，コンピュータを利用するために不可欠な数学知識を学ぶことであるが，その前提となる高校までの数学に関する知識の復習も含まれている．

　テキストの内容はつぎのとおりである．

第 1 章　情報数学基礎への準備

第 2 章　数の表現方法

第 3 章　命題と論理演算

第 4 章　集合

第 5 章　写像

第 6 章　関係

第 7 章　述語と数学的帰納法

第 8 章　グラフ（第 2 版で追加）

　受講生の理解度によって多少前後することもあるが，講義はおおむねこのパターンで進めている．「理工系大学でこの程度？」と思われる向きもあろうが，逆にいえば「これ以下の内容にはできない最低レベル」を本書の本文では記述してあると思っていただきたい．その分，理工系大学生として標準的な思考力を養うため，章末問題は豊富に取りそろえた．少し難しめの問題にはアスタリスク（*）がついているが，ぜひともチャレンジしてほしい．

　著者らの教育的経験（教えるほうと教わるほうの合体）も踏まえて，なるべく簡潔かつわかりやすい表現を使っているつもりであるが，果たして万人に受け入れ可能なものになっているかどうかは確信がもてない．ご意見などあれば承り，さらなる改良を行いたいと考えている．

2011 年 3 月

遠州茶畑のど真ん中にて

幸谷智紀・國持良行

目　次

第 1 章　情報数学基礎への準備　　　　　　　　　　　　　　　　　　　　　1

1.1　小・中・高校で勉強してきた数学（算数）のおさらい ------------------ 1
　1.1.1　自然数，整数，有理数，実数，複素数 --------------------------- 1
　1.1.2　四則演算，演算律（演算法則） ------------------------------- 3
　1.1.3　その他 --- 4
1.2　数学のお作法：公理，定義，定理，証明 ------------------------- 7
　1.2.1　数学は「概念」を扱う学問である ------------------------- 8
　1.2.2　定義，定理，公理 ----------------------------------- 8
　1.2.3　証明の例 -- 10
1.3　指数と対数 --- 12
　1.3.1　指　　数 --- 12
　1.3.2　対　　数 --- 14
1.4　情報数学基礎とは -------------------------------------- 17
1.5　まとめ --- 19
章末問題 -- 19
コラム―数学とコンピュータ ---------------------------------- 20

第 2 章　数の表現方法　　　　　　　　　　　　　　　　　　　　　　　　22

2.1　10 進法と r 進法 ------------------------------------- 22
2.2　2 進法，8 進法，16 進法 ------------------------------- 25
2.3　2 進数の加算と減算 ----------------------------------- 28
2.4　負の整数の表現方法―補数 ------------------------------- 29
2.5　発展：小数の表現方法と近似値 --------------------------- 33
　2.5.1　小数の r 進表現 --------------------------------- 34
　2.5.2　丸め，有効桁数，近似値，誤差 ----------------------- 35
2.6　まとめ --- 37
章末問題 -- 37
コラム―ビットとバイト ------------------------------------- 38

第 3 章　命題と論理演算　　　　　　　　　　　　　　　　　　　　　41

3.1　命題と真理値 --- 41

3.2　命題論理におけるド・モルガンの定理 ------------------- 45

3.3　含意と同値，十分条件，必要条件，必要十分条件 --------- 46

3.4　逆，裏，対偶 --- 49

3.5　証明と命題論理 --------------------------------------- 50

　3.5.1　含意を含む命題の証明 ----------------------------- 50

　3.5.2　背理法という証明法 ------------------------------- 51

3.6　発展：ブール代数 ------------------------------------- 53

3.7　まとめ --- 57

章末問題 --- 57

コラム―プログラムと命題論理 ----------------------------- 58

第 4 章　集　合　　　　　　　　　　　　　　　　　　　　　　　　60

4.1　集合とは --- 60

4.2　数の集合，空集合，有限集合と無限集合 ----------------- 63

4.3　集合の内包的記法と外延的記法 ------------------------- 65

4.4　集合の包含関係 --------------------------------------- 67

4.5　集合の演算 --- 70

4.6　ド・モルガンの定理（集合バージョン） ----------------- 75

4.7　発展：集合代数 --------------------------------------- 77

4.8　まとめ --- 78

章末問題 --- 79

コラム―フォルダは集合だ！ ------------------------------- 80

第 5 章　写　像　　　　　　　　　　　　　　　　　　　　　　　　82

5.1　関数 ⊂ 写像 --- 82

5.2　写像の定義 --- 85

5.3　写像の種類 --- 87

5.4　写像の合成 --- 93

5.5　置　換 --- 95

5.6　発展：順列と組合せと有限集合の写像 ------------------- 97

5.7　まとめ -- 101

章末問題 -- 101

コラム―プログラムにおける「関数」 --------------------- 102

第 6 章　関　係 104

6.1　関係の例：等号関係，大小関係 ----------------------------------- 104

6.2　順序対による関係の定義 --- 106

6.3　2 項関係としての写像および関係の有向グラフ表現 ------------- 110

6.4　発展：同値関係と類別 --- 113

6.5　まとめ --- 116

章末問題 --- 116

コラム―n 項関係と関係データベース ----------------------------- 117

第 7 章　述語と数学的帰納法 119

7.1　述語と集合 --- 119

7.2　数学的帰納法（パターン 1） -------------------------------------- 121

7.3　数学的帰納法（パターン 2） -------------------------------------- 126

7.4　発展：ハノイの塔問題 --- 128

7.5　まとめ --- 131

章末問題 --- 131

コラム―帰納法と関数の再帰呼び出し ------------------------------- 132

第 8 章　グラフ 134

8.1　グラフの考え方と事例 --- 134

8.2　グラフの基本用語 --- 135

8.3　小道，道，閉路，サイクル -- 138

8.4　一筆書きできる？　できない？ ---------------------------------- 140

8.5　木，二分木 --- 143

8.6　発展：グラフと隣接行列 -- 145

8.7　まとめ --- 148

章末問題 --- 148

コラム―ヒープソート --- 149

付　録　コンピュータ内部での小数表現 151

A.1　整数型固定小数点数 --- 151

A.2　ビットごとの論理演算 --- 153

A.3　論理シフトと算術シフト -- 155

A.4　浮動小数点数 -- 158

章末問題 --- 161

略　解　　　　　　　　　　　　　　　　　　　　　　　　　　　　　　162

　問題の略解 --- 162

　章末問題の略解 --- 165

参考文献　　　　　　　　　　　　　　　　　　　　　　　　　　　　172
索　引　　　　　　　　　　　　　　　　　　　　　　　　　　　　　173

第1章

情報数学基礎への準備

「はじめに」にも書いたとおり，本書の目的はコンピュータを理解し，コンピュータを使いこなすために不可欠な数学知識を解説することである．一般には，離散数学（discrete mathematics）とよばれる一連の知識の基礎を扱うことになるが，それを理解するためには，高校までに習ってきた算数・数学の知識と，それを習得してきた経験が必要である．本章では，その「知識」と「経験」を振り返り，以降の章の学習へスムーズに入っていくための頭の準備体操を行う．

1.1 小・中・高校で勉強してきた数学（算数）のおさらい

まず，小学校，中学校，高校で勉強してきた数学（算数）のうち，情報数学基礎を学ぶために必須な知識をおさらいしておこう．

1.1.1 自然数，整数，有理数，実数，複素数

小学校，中学校，高校で学んできた数学において使用してきた「数（number）」は5種類ある．

- 自然数（natural number）
- 整数（integer）
- 有理数（rational number）
- 実数（real number）
- 複素数（complex number）

この5種類の数がどのようなものであったかを簡単におさらいしておこう．

● **自然数** 自然数を本書では

$$1, 2, ..., n, ...$$

と定義する．ここで，「...」は途中を省略すること，または無限に続くことを意味する．0（ゼロ，zero）は自然数に含めないことが多いが，含んでいても困ることはないので，含めることもある．

●**整　数**　整数は

$$\ldots, -2, -1, 0, 1, 2, \ldots$$

と定義される．自然数に負（minus）の整数 $\ldots, -n, \ldots, -2, -1$ と 0 を追加した数の集まりとなっている．

●**有理数**　分数として表すことのできる数を有理数とよぶ．分数として表現するときには，必ずこれ以上約分できない既約分数（irreducible fraction）として表現するように心がけてほしい．たとえば

$$\frac{1}{2}, \frac{3}{6}, \frac{124}{248}, \frac{3678}{7356}$$

はすべて 1/2 と書くようにしよう．

　分数は分子（numerator）として整数，分母（denominator）として 0 を除いた自然数をとると，これらの組み合わせとして定義されたものとみることもできる．

　既約分数は小数（decimal）としても表現できるが，有限桁に収まる小数，すなわち有限小数（terminating decimal）になるものと，同じ桁パターンが繰り返し，無限に連なる循環（無限）小数（recurring decimal）になるものとに分かれる．

　たとえば，有限小数 0.3145 は

$$\frac{3145}{10000} = \frac{629}{2000}$$

という既約分数で表現できる．一方，循環小数 $0.314531453145\cdots = 0.\dot{3}14\dot{5}$ は，等比数列の和の公式（問題 7.2）を用いて

$$0.314531453145\cdots = 3145\,(0.0001 + 0.00000001 + \cdots)$$

$$= \frac{3145}{9999}$$

という既約分数として表現できる．このように，有限小数も循環小数も有理数である．なお，本書では，循環する場合は，循環する最初と最後の数字の上にドット（˙）をつけることにする．

●**実　数**　循環しない無限小数，たとえば

$$\sqrt{2} = 1.41421356\cdots$$

$$\pi = 3.1415923653\cdots$$

$$e = 2.718281\cdots$$

は既約分数として表現できず，有理数ではない．循環しない無限小数を無理数（irrational number）とよび，この無理数と有理数をまとめて実数とよぶ．したがって，実数は有限小数または無限小数として表現される数，ということができる．

● **複素数** 　実数を係数とする 2 次方程式の解は，必ずしも実数の範囲に収まらない．たとえば

$$x^2 - 3x + 4 = 0$$

の解は

$$x = \frac{-(-3) \pm \sqrt{(-3)^2 - 4 \cdot 1 \cdot 4}}{2 \cdot 1}$$
$$= \frac{3 \pm \sqrt{-7}}{2}$$

より，$\sqrt{-7}$，すなわち，2 乗すると -7 という負の実数になる数を含んでいる．これは実数とは別の数として扱わなければならない．

そこで，$\sqrt{-7} = \sqrt{7} \cdot \sqrt{-1}$ のように実数とそうでない成分に分離し，$\mathrm{i} = \sqrt{-1}$ を新たに虚数単位（imaginary unit）と命名し，$\sqrt{-7} = \sqrt{7}\,\mathrm{i}$ という実数とは異なる数，すなわち純虚数（purely imaginary number）をつくることにする．そして，この純虚数と実数を組み合わせて複素数が構成される．複素数は，一般的には

$$a + b\sqrt{-1} = a + b\mathrm{i}$$

のように，実数 a と実係数 b の虚数との和として表現される．このとき，実数 a を実数部（実部，real part），実数 b を虚数部（虚部，imaginary part）とよぶ．上記の方程式の解の場合，実数部が $a = 3/2$，虚数部が $b = \pm\sqrt{7}/2$ となる．

1.1.2 四則演算，演算律（演算法則）

1.1.1 項で挙げた 5 種類の数は，二つ以上の数を組み合わせて別の数を生成することができる．このような数の扱い方を計算（computation）とよび，そのうち特に基本的な計算を演算（arithmetic）とよぶ．このうち頻繁に使用される，加算（＋，足し算，addition），減算（－，引き算，subtraction），乗算（×，かけ算，multiplication），除算（/ もしくは ÷，割り算，division）の 4 種類の計算をまとめて四則演算とよぶ．四則演算の結果をそれぞれ和，差，積，商とよぶ．

特に加算と乗算については，下記に示すように，結合律（結合法則），交換律（交換

法則），分配律（分配法則）の三つの律（法則）が成立する．なお，乗算記号（×）は省略したり，・（ドット）で代用することが多いので，本書でも場合によってはそのようにする．

● **結合律**　a, b, c が自然数，整数，有理数，実数，複素数のいずれかの数であるとする．このとき a, b, c がどんな数であっても，一つの例外なく必ず

$$(a + b) + c = a + (b + c)$$
$$(ab)c = a(bc)$$

(1.1)

という等式が成立する．このように，計算すべき数の並びをそのままにして計算の順番のみ変更しても同じ結果を得られる，という性質を結合律（associative law）とよぶ．

● **交換律**　同様に，a, b を 5 種類いずれかの数とする．このとき，必ず

$$a + b = b + a$$
$$ab = ba$$

(1.2)

という等式が成立する．このように，計算する数の並びを交換しても同じ結果が得られる，という性質を交換律（commutative law）とよぶ．

● **分配律**　同様に，a, b, c を 5 種類いずれかの数とする．このとき，必ず

$$a(b + c) = ab + ac$$

(1.3)

という等式が成立する．このように，括弧の外の数を括弧内の数に分配して掛けても同じ結果が得られる，という性質を分配律（distributive law）とよぶ．

この分配律は，加算の代わりに減算を，乗算の代わりに除算を用いても成立する．

$$a(b - c) = ab - ac$$
$$(b \pm c)/a = \frac{b \pm c}{a} = \frac{b}{a} \pm \frac{c}{a} \qquad (ただし a \neq 0)$$

1.1.3　その他

その他，本書を読むために必要な事柄をまとめておさらいしておこう．なお，天井関数，床関数は高校数学では扱わないのが普通だが，ガウス記号よりも頻繁に使われるものなので，ここで使い方をマスターしてほしい．

●**ギリシア文字**　文字式などでは英字のアルファベット $(a, b, c, ..., z)$ だけではなく，ギリシア文字 $(\alpha, \beta, \gamma, ..., \omega)$ も使用する．その一覧を表 1.1 に示す．大文字・小文字ともさまざまな所に利用されるので，読めない文字が出てきたら適宜参照してほしい．

表 1.1 ● ギリシア文字とその読み方

大文字	小文字	読み	英語綴り
A	α	あるふぁ	alpha
B	β	べーた	beta
Γ	γ	がんま	gamma
Δ	δ	でるた	delta
E	ϵ, ε	いぷしろん	epsilon
Z	ζ	ぜーた	zeta
H	η	いーた	eta
Θ	θ, ϑ	しーた	theta
I	ι	いおた	iota
K	κ	かっぱ	kappa
Λ	λ	らむだ	lambda
M	μ	みゅー	mu
N	ν	にゅー	nu
Ξ	ξ	くしい，ぐざい	xi
O	o	おみくろん	omicron
Π	π, ϖ	ぱい	pi
P	ρ, ϱ	ろー	rho
Σ	σ, ς	しぐま	sigma
T	τ	たう	tau
Υ	υ	ゆぷしろん	upsilon
Φ	ϕ, φ	ふぁい	phi
X	χ	かい	chi
Ψ	ψ	ぷしい	psi
Ω	ω	おめが	omega

●**絶対値，床関数（ガウス記号），天井関数**　絶対値（absolute value）$|x|$ は，実数 x の符号を $+$ に変える．

[例]
$$|-3| = 3$$
$$|5| = 5$$

床関数（floor function）$\lfloor x \rfloor$ は，実数 x を超えない（すなわち，x 以下の）最大の整数に変換する．ガウス記号 $[x]$ と同じものと考えてよい．

[例]
$$\lfloor 3.1415 \rfloor = \lceil 3.1415 \rceil = 3$$
$$\lfloor \sqrt{2} \rfloor = 1$$
$$\lfloor -1.5 \rfloor = -2$$

天井関数（ceiling function）$\lceil x \rceil$ は，実数 x を下回らない（すなわち，x 以上の）最小の整数に変換する．

[例]
$$\lceil 2.71828 \rceil = 3$$
$$\lceil \sqrt{3} \rceil = 2$$
$$\lceil -1.5 \rceil = -1$$

● **数列と総和記号**　数を列挙したものが数列（sequence）である．通常，これは文字に下付き文字の添え字（subscript）をつけて

$$a_0,\ a_1,\ ...,a_n$$

と書く．もし a_n の後にも数列が無限に続くようなら

$$a_0,\ a_1,\ ...,a_n,\ ...$$

と書く．

i 番目の数列が i を含む数式として表現できるのであれば

$$a_i = \boxed{} \qquad (i = 0, 1, ..., n)$$

と書く．四角の中に i を含んだ数式が入る．たとえば

$$1,\ 3,\ 5,\ ..., 1 + 2n$$

という奇数からなる数列であれば

$$a_i = 1 + 2i \qquad (i = 0, 1, ..., n)$$

と表現できる．

数列の和を表現するときには，つぎのように総和記号 $\sum$（大文字のシグマ）を用いる．

[例]
$$\sum_{i=1}^{n} a_i = a_1 + a_2 + \cdots + a_n \qquad （n \text{ 個の和}）$$

$$\sum_{i=1}^{10} i = 1 + 2 + \cdots + 10 \qquad （1 \text{ から } 10 \text{ までの和}）$$

　総和記号を使うと，数列を書き連ねるより少ない文字数で済むので，その使い方には慣れておいたほうがよい．

● **階乗，組合せ**　n の階乗（factorial）は，1 から n までのすべての整数を掛け合わせたもので，$n!$ と書く．

$$3! = 1 \times 2 \times 3 = 6$$

$$5! = 1 \times 2 \times 3 \times 4 \times 5 = 120$$

ただし，$0! = 1! = 1$ とする．

　たとえば，1, 2, 3 と書かれたカードが 1 枚ずつあり，これらを横に並べて 3 桁の整数をつくるとする．このとき，できあがる 3 桁整数は

$$123, \quad 132, \quad 213, \quad 231, \quad 312, \quad 321$$

と $3! = 6$ 通りできる．

　n 枚のカードから m 枚を抜き出すとき，抜き出したカードの組合せの数（2 項係数，binomial coefficient）を $_nC_m$ あるいは $\binom{n}{m}$ と書く．これを階乗を用いて表現すると，つぎのようになる．

$$_nC_m = \binom{n}{m} = \frac{n!}{(n-m)! \cdot m!}$$

　たとえば，先の 3 枚のカードから 2 枚抜き出して 2 桁の整数をつくろうとすると，2 枚のカードの取り出し方は

$$_3C_2 = \frac{3!}{(3-2)! \cdot 2!} = 3$$

つまり 3 通りあり，2 枚のカードの並べ方はそれぞれについて $2! = 2$ 通りあるので，全部で $_3C_2 \cdot 2 = 6$ 通りの 2 桁整数

$$12, \quad 21, \quad 13, \quad 31, \quad 23, \quad 32$$

ができることになる．

　なお，この階乗と組合せは第 5 章で再度取り上げる．

1.2 ｜ 数学のお作法：公理，定義，定理，証明

　以上の高校までの学習内容を踏まえて，ここからは大学における厳密な「数学」の話に移りたい．最初はとっつきにくいことを書いてあるなぁと思うだろうが，本書を

ひととおり読んでからもう一度，この節の文章を読み返してもらいたい．「ああ，そういうことか！」と思えるはずだ．

1.2.1　数学は「概念」を扱う学問である

　数学は概念（concept），つまり「考え方」を論理的な説明に基づいて下から上へと論理的に正しく組み上げていく学問体系である．出発点は具体的な物事であっても，そこから抽象的な概念を抜き出して取り扱うことになるので，具体的な物事との結びつきが消え，一定の約束事を踏まえてさえいれば，どんな物事にも当てはめて利用することができるようになる．これは，数学という学問がもつ一番のメリットだ．特に，どのように動作しているかを直接目でみることが難しい「コンピュータ」というものの仕組みや働きを理解するためには，不可欠の学問なのである（章末コラム参照）．

　一方，概念だけを扱おうとすると，抽象的な概念の取り扱いが苦手な人や，それを自分の頭の中に定着させていない人との会話が成立しないことがままある．数学は抽象的で難しいといわれている理由も，数学が嫌われる理由もここにある．

　本書は，なるべく具体例に基づいて数学の概念を説明をするよう心がけている．それでも，順を追って内容を自分の頭でじっくり考え，かみ砕いて理解していかないと，いつの間にか書いてある内容がまるっきり理解できなくなっている，ということも起こりうる．もしわからなくなったら一度立ち止まって，以前に扱った事柄を復習してほしい．まだるっこしくても，それしか数学を勉強する方法はないのである．

　さて，抽象的な概念を扱うといっても，空想物をめちゃくちゃに組み合わせてつじつまの合わないことを主張していては，数学にはならない．概念の積み上げが「数学」とよべるものになるには，長い数学の歴史の中で培われてきた一定のお作法が不可欠である．以下で述べる数学用語の説明と，いままで学んできた数学の知識を使って，本当の「数学のお作法」を身につけてもらいたい．

1.2.2　定義，定理，公理

　抽象的な概念を扱うためには，それを表現するための約束事を取り決めておく必要がある．まず数学の根幹といえるのは，用語や記号の意味づけを行う定義（definition）と，それを用いて誰からも正しいと認められる説明（証明）がなされた定理である．しかし一番最初は，「これを疑うと議論が成り立たない」という基本的な定理を公理としていくつか定め，議論を堂々巡りをさせない工夫が必要である．

●**定義：用語や記号の定義**　数学ではまず，使用する言葉とその意味を厳格に定義する．そこから逸脱した記号，用語，概念はいっさい使用してはならない．

本書では，つぎのような形式で定義を書くことにする．

定義1.1   三角形の定義

三角形とは，平面上の同一直線上に存在しない 3 点 A, B, C を通過する 3 本の線分 AB, BC, CA で囲まれた図形である．

当然，この定義内に使用された「点」「線分」という言葉も，あらかじめ定義されていなければならない（章末問題の 1）．また，「三角形」をこれ以外の意味で使用することは許されない．

● **定理：数学的に正しい命題**   明確に定義された用語や記号に基づいて，正しい（真，true）か，正しくない（偽，false）かが明確になるひとかたまりの文章を，命題（proposition）とよぶ．命題の真偽を論理的に正しく推論した説明を証明（proof）とよび，その結果正しいと判断できる命題を，特に定理（theorem）とよぶ．また，定理を証明する材料として用いられる簡単な正しい命題を補題（lemma），定理から派生してすぐに証明できる正しい命題を系（corollary）とよぶこともある．

本書では，定理をつぎのように書くことにする．

定理1.1   三角形の内角の和

三角形の内角の和は 180 度（$= \pi$）である．

● **公理：議論の出発点として定められた「正しい」命題**   「鶏が先か？ 卵が先か？」という堂々巡りの議論は，どこかで一度は聞いたことがあるだろう．これは「卵は鶏が産むから鶏が先に存在していたはずだ」という主張と，「鶏は卵から生まれるから卵が先に存在していたはずだ」という主張のどちらが正しいか，決着がつかない議論の典型である．

数学においてはこのような堂々巡りを防ぐため，証明抜きでもこれは常識的に正しいと万人が認める命題を公理（axiom）として複数定めておき，これを議論の出発点として使用する．先の例でいえば，鶏と卵，どちらでもよいから一方が最初に存在していた，と固定してしまうのである．

たとえば，1.1 節で取り上げた 5 種類の数の四則演算や結合・交換・分配律のようなものは，ごく常識的な知識なので，公理とみなしてよい．

ほかにも有名な公理としては，つぎのようなものがある．

- 平面上の異なる 2 点を通過する直線は，必ず一つ存在する．
- 線分は，どちら側の端点方向にも無限に伸ばせる（直線は無限の長さをもつ）．
- 平面上の直線 l と，直線上にない点 P が存在すれば，点 P を通過して直線 l に平行な直線が一つ必ず存在する（平行線公理）．

　最初にどのような公理を設定するかによって，その後に発見できる定理の内容も変わってくる．すなわち，最初にどういう公理を立てるかによって，その上に積み上げられる理論体系は異なってくる．このような，公理を含めた理論体系を公理系（axiom system）とよび，本書でも 0 と 1 だけからなる簡単な公理系（ブール代数）を第 3 章で紹介する．コンピュータは，このブール代数という公理系を実現した機械であるともいえる．

1.2.3　証明の例

　1.2.2 項で述べたように，定理は「正しい」と認められた命題でなければならない．その正しさを示す証明とはどのようなものか．

　実は高校までの数学では，常にこの証明のやり方を学んできたといえるのである．計算を用いて解く問題も，図形の問題も，応用問題も，解答を導く方法はすべて証明なのである．もう一度原点に立ち戻って，証明というものをみていくことにしよう．

●**計算も「証明」の一種**　たとえば，つぎの 2 次方程式の解を求めてみよう．

$$3x^2 + 6x = 45$$

普通はつぎのように計算するだろう．

$$3x^2 + 6x - 45 = 0 \tag{1.4}$$

$$x^2 + 2x - 15 = 0 \tag{1.5}$$

$$(x + 5)(x - 3) = 0 \tag{1.6}$$

$$よって，\underline{x = -5,\ 3}. \tag{1.7}$$

これも立派な証明である．もとの方程式から式 (1.4) は，「等式の両辺に同じ数を加えても等号は維持される」という定理に基づいて行われた操作である．式 (1.5)〜(1.7) までの操作も，すべてある定理に基づいて等式が維持される操作を行っている．このように，既知の定理に基づいて等式の操作が行われているのだから，これは「もとの

方程式の解が $x = -5, 3$ である」という命題の証明にほかならない．

● **定理の「証明」の例**　普通は定理の証明というと，定理 1.1 のように，あらかじめ結論がわかっているものの正しさを論理的に説明する形式のものが多い．この「三角形の内角の和は 180 度」という定理 1.1 の証明を，例として示そう．

（証明）　図 1.1 のように，与えられた三角形 ABC に対して，点 A を通り辺 BC と平行な線分 PQ を引く．また，辺 AB を点 A の方向に少し伸ばして点 B′ を，辺 CA も点 A の方向に少し伸ばして点 C′ をおく．このとき，∠B′AQ は ∠B と同位角となり等しい．同様に，∠C′AP も ∠C と同位角になるので等しい．

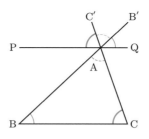

図 1.1 ● 定理 1.1 の証明

また，∠A と ∠B′AC′ は対頂角なのでこれらも等しい．
よって

$$\angle A + \angle B + \angle C = \angle B'AC' + \angle B'AQ + \angle C'AP = 180 \text{ 度}$$

となる．　（証明終）

この証明の中では，「線分はどちら側の端点方向にも無限に伸ばせる（直線は無限の長さをもつ）」「ある直線 l と，その直線上にない点 P が存在するとき，点 P を通り直線 l に平行な直線が引ける」という公理と，「同位角は等しい」「対頂角は等しい」という定理が使用されている．

　こうして，少数の公理と定義を組み合わせて新たな定理の証明を行い，この定理が公理系に加わって，さらに新しい別の定理を証明していく．図 1.2 のような流れで公理系としての数学が形成されていくのである．

　このように，証明というものは，公理・定義・定理がどのように論理的に絡まりあっているかを私たちに示してくれている．公理系における 'のり' のようなもの，といえるだろう．

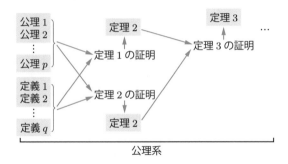

図 1.2 • 数学の形式

1.3 | 指数と対数

　以上で述べてきた「数学のお作法」に従って，本書の内容を理解するために必要な高校数学の知識のうち，指数と対数について述べてみよう．

1.3.1 指　数

　指数（exponent）は絶対値の大きな数や，ゼロに近い数を表現するときに必要となる数の記法である．

　ある定数 a に対して，その x 乗（a を x 回掛ける，とイメージしてほしい）の計算

$$a^x = \underbrace{a \times a \times \cdots \times a}_{x \text{個}}$$

を a の累乗（べき乗）とよび，x を指数とよぶ．x は自然数だけでなく実数にも拡張できるので，この計算はつぎのように x の関数，すなわち指数関数（exponential function）とみることもできる．

定義1.2　　指数関数

　ある正の実数 $a \neq 1$ が与えられたとき，任意の実数 x に対して関数 $f(x)$ を

$$f(x) = a^x \tag{1.8}$$

とする．この $f(x)$ を a を底（base）とする指数関数とよび，x を指数とよぶ．

　なお，$x = 0, 1$ のときは，任意の底 $a\,(a > 0, a \neq 1)$ に対して

$$a^0 = 1, \qquad a^1 = a$$

とする.

　この定義から，つぎのような定理が成立することは明らかであろう.

定理1.2　　指数法則

a, x, y を実数とし，$a > 0$ とするとき，つぎの等式が成立する.

$$a^x \times a^y = a^{x+y} \tag{1.9}$$

$$a^x / a^y = a^{x-y} \tag{1.10}$$

$$(a^x)^y = a^{xy} \tag{1.11}$$

x が自然数でないときの指数関数の値の計算は，指数法則を繰り返し用いれば可能になる. 実際，たとえば x が負の整数 $-n$ であるときは，式 (1.10) より

$$a^{0-n} = 1/a^n$$

となる. また，指数が分数 $1/n$ のときは，式 (1.11) より

$$(a^{\frac{1}{n}})^n = a^{\frac{n}{n}} = a^1 = a$$

となるので，a の n 乗根（nth root）$\sqrt[n]{a}$ を意味することになる. よって，平方根 $\sqrt{a}$ は，指数形式で表現すると

$$\sqrt{a} = a^{\frac{1}{2}}$$

となる.

　なお，底には当然，無理数も使用できる. 特に

$$e = \frac{1}{0!} + \frac{1}{1!} + \cdots + \frac{1}{n!} + \cdots = \sum_{n=0}^{\infty} \frac{1}{n!} = 2.718281\cdots \tag{1.12}$$

を自然対数の底（base of natural logarithm）とよぶ. 微分積分学などでよく出てくる重要な数である.

問題 1.1

指数を用いてつぎの数を表せ（□を埋めよ）.

1. $100000 = 10^{\square}$

2. $0.000001 = 10^{\square}$

3. $32768 = 2^{\square}$

4. $\dfrac{1}{1024} = 2^{\square}$

1.3.2　対　数

　ある実数 b が a の何乗か，ということを知りたいときがある．特に多いのは $a = 10$，すなわち 10 の何乗か，というものである．つまり「その数を 10 進数（第 2 章参照）で表現すると，何ケタぐらいになるか？」を知りたい，ということはよくある．

　たとえば，123456789 という自然数は 9 桁で表現されている．これは

$$10^{9-1} = 10^8 = 100000000 \leqq 123456789 \leqq 999999999 = 10^9 - 1 < 10^9 \quad (1.13)$$

ということを意味している．逆にいえば

$$123456789 = 10^x$$

と表現できたとすると，式 (1.13) から

$$10^8 \leqq 10^x < 10^9$$

という範囲に収まっていれば，指数 x も

$$8 \leqq x < 9$$

という範囲に収まっているはずである．このとき，x を

$$x = \log_{10} 123456789$$

と書き，10 を底とする 123456789 の対数（logarithm）とよぶ．ちなみに

$$\log_{10} 123456789 = 8.0915 \cdots$$

である．

　このように，ある正の実数 b が与えられたときに，その底 a の対数を計算する関数が，対数関数とよばれているものである．

定義1.3　　**対数関数**

　正の実数 b が底 $a\,(a > 0, a \neq 1)$ の指数関数の値として

$$b = a^x$$

と表現できるとき，この x を

$$x = \log_a b \qquad (1.14)$$

と表す．これを底 a の対数関数とよぶ．

この対数関数を用いると，式 (1.14) は

$$b = a^{\log_a b} \tag{1.15}$$

とも表現できる.

具体的な数値について，指数との対応を考えながら対数を計算してみると

$$\log_{10} 1 = 0 \Longleftrightarrow 1 = 10^0$$

$$\log_{10} \frac{1}{100} = -2 \Longleftrightarrow \frac{1}{100} = 10^{-2}$$

$$\log_2 32 = 5 \Longleftrightarrow 32 = 2^5$$

$$\log_2 \sqrt{2} = \frac{1}{2} \Longleftrightarrow \sqrt{2} = 2^{\frac{1}{2}}$$

となる.

問題 1.2 つぎの対数の値を求めよ.

1. $\log_{10} 0.0001$
2. $\log_{10} \sqrt{10}$
3. $\log_3 81$
4. $\log_4 2$

底が 10，あるいは $e = 2.71828\cdots$ となる対数は，特別な記号を使うことがある．底が 10 の対数を常用対数（common logarithm）とよび

$$\lg b = \log_{10} b$$

と書くことがある．また，底が e のときは自然対数（natural logarithm）とよび

$$\ln b = \log b = \log_e b$$

と書くことがある．

さて，前述した指数法則（定理 1.2）を対数を用いて書きなおす（$b = a^x$, $c = a^y$ とおく）と，つぎのような定理になる.

定理 1.3 対数法則

正の実数 a, b, c $(a \neq 1)$ に対して，つぎの等式が成立する.

$$\log_a bc = \log_a b + \log_a c \tag{1.16}$$

$$\log_a \frac{b}{c} = \log_a b - \log_a c \tag{1.17}$$

$$\log_a b^c = c \log_a b \tag{1.18}$$

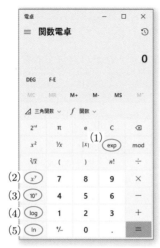

(1) $e^x = \exp(x)$ の計算
(2) x^y の計算
(3) 10^x の計算
(4) $\lg b = \log_{10} b$ の計算
(5) $\ln b = \log_e b$ の計算

図 1.3 ● Windows 10 上の関数電卓

　対数を実際に計算するには，普通，関数電卓を使用する．しかし，たいていの関数電卓には $\log_{10} b = \lg b$ か，$\log_e b = \ln b$ を計算するキーしか備えられていない（図 1.3）.

　それでは，たとえば

$$\log_3 5$$

の値を知りたいときは，どう計算したらよいのだろうか．

　最終的に欲しい値は $\gamma = \log_3 5$ である．すなわち

$$5 = 3^\gamma$$

となればよいので，両辺の $\log_{10}$ の値をとれば，式 (1.18) より

$$\log_{10} 5 = \gamma \log_{10} 3$$

となり，

$$\gamma = \frac{\log_{10} 5}{\log_{10} 3}$$

を計算すればよいことがわかる．つまり，$\alpha = \log_{10} 5$ と $\beta = \log_{10} 3$ の値を計算し，この二つの値を用いて $\gamma = \alpha/\beta$ を計算すればよい．

　これを一般的な定理の形にまとめたのが，つぎの底の変換公式である．

定理 1.4　　底の変換

正の実数 $a, b, c > 0$ $(a \neq 1, b \neq 1)$ に対して，つぎの等式が成立する.

$$\log_b c = \frac{\log_a c}{\log_a b} \tag{1.19}$$

問題 1.3　$\log_{10} 3 \approx 0.477, \log_{10} 5 \approx 0.699$ と近似するとき，つぎの対数の値を小数第 3 位まで求めよ.

1. $\log_3 5$

2. $\log_5 3$

3. $\log_{15} 9$

1.4 情報数学基礎とは

　以上，高校までの数学の知識を前提として，もっと厳密な，定義と定理と証明の積み重ねに基づく「数学」の姿をみてきた．以降の章では，なるべく具体的な例を導入としつつ，数学的な記述を用いて，コンピュータを理解する上で必要となる基本知識を体系的に解説していく.

　以下，次章以降の内容とコンピュータとのかかわりについて，簡単に紹介する.

第 2 章　数の表現方法

　自然数の表記方法としては 10 進表現が普通であるが，それを一般化した n 進表現（n は 2 以上の自然数）を定義し，コンピュータの中で使用される 2 進表現とその扱い方（10 進表現からの変換方法・10 進表現への変換方法，計算方法）を学ぶ．2 進表現と密接な関係のある 8 進，16 進表現も扱う.

第 3 章　命題と論理演算

　証明は論理的に説明するものであった．その「論理的」ということを形式的に厳格な形で表現するための手法である，命題論理について学ぶ．これは，「正しい」命題と「正しくない」命題の 2 種類しかないという公理系なので，複雑な命題も単純な式として表すことができる．コンピュータへの指令書であるプログラムにおいては，命題論理に基づく判別文を用いて条件判断をする必要がある.

第 4 章　集合

　一般に，「集合」というと「ものの集まり」のことを指すが，この章ではそれを数学的に定義し，集合の扱い方について基本的な事柄を学ぶ．コンピュータに操作

させたいデータの内容を定め，どのような分類をすべきか，という整理手法を厳格に定めるためには，集合の考え方が役立つ.

第 5 章　写像

関数の考え方を数だけでなく集合一般に広げたものを，写像とよぶ. この章では，写像の定義とその取り扱い方について学ぶ. 与えられた値に何らかの加工を行って結果を出すというコンピュータの処理は，写像として考えられるものが数多くある. たとえば，ある程度長いプログラムは，おおむね単純な写像の寄せ集めとしてつくられる.

第 6 章　関係

集合の間の，写像よりもっと広い対応全般を関係とよび，この章では関係の例と，データの分類にも役立つ考え方を学ぶ. 現在のコンピュータで使用されているデータベースシステムの基本となる考え方として，関係データベースというものがあるが，これは集合と関係を用いて構築されているコンピュータソフトウェアの体系である.

第 7 章　述語と数学的帰納法

命題論理に集合の概念を追加してできあがった公理系を「述語」論理とよぶが，この章ではそのうち，数学的帰納法に必要な事柄だけを扱う. 数学的帰納法が無限に存在する命題の証明に使用されることのほか，ハノイの塔のような問題の解決法を導けることを説明する. これは，コンピュータが得意とする繰り返しの処理が何回でも正確に実行されるかどうか，人間が確認し理解するために必要な考え方である.

第 8 章　グラフ

ものの「つながり」を数学的に表現したものを「グラフ」とよぶ. いわゆる関数のグラフとは異なり，点を線で結んだシンプルな図形を考える. グラフの概念は，コンピュータでネットワークを扱うのに役立つ.

　以上，おおざっぱに述べたが，すべての章にわたって，人間の目では直接みることができない，コンピュータ内部のデータや処理方法に直結する内容を扱っていることがわかるだろう.

　もともとコンピュータは，人間の頭脳で行ってきた「計算」という処理を肩代わりさせるために誕生した機械である. このコンピュータの動作原理や働かせ方を理解するためには，まず人間のほうでもう一度，計算のための考え方，すなわち計算に必要な「数学的概念」を整理しなければならない. コンピュータに一番密接にかかわる数学の知識は，本章の最初に述べた「離散数学」というものであるが，本書が解説する

内容はごく基礎的な離散数学の概念だけであり，それを私たちは「情報数学基礎」とよんでいる．「ごく基礎」とはいえ，基礎的である分，コンピュータの理解には不可欠の知識を扱っているといえるのである．

1.5 まとめ

本章では，まず高校までに学んできた数学（算数）の内容を復習し，5 種類の数と四則演算で三つの法則が成立すること，ギリシア文字一覧とその他雑多な知識を確認した．つぎに数学という学問が，公理系を構築することを目的とするものであること，公理系には，定義，定理，証明，そして議論の出発点となる公理が必要であることを学んだ．最後に，次章以降で学んでいく内容とコンピュータとのかかわりについての概要も学んだ．

=========================== 章末問題 ===========================

1. つぎの数学用語の定義を述べよ．

    (1) 点 　　　　　(2) 直線 　　　　　(3) 線分

2. 以下の有理数どうしの和の計算は誤っている．

$$\frac{1}{2} + \frac{1}{3} = \frac{1+1}{2+3} = \frac{2}{5}$$

これに対して，「2 個の玉の中に白玉が 1 個，3 個の玉の中に白玉が 1 個，それぞれ存在する．これを合わせると 5 個の玉に 2 個の白玉が存在することになる．ゆえに，この計算は間違っていない．」という反論がある．この反論は正しいか．

3. つぎの式を $\sum$ を用いて表せ．

$$1 + \frac{1}{3} + \frac{1}{3^2} + \cdots + \frac{1}{3^{10}}$$

4. つぎの循環小数を既約分数の形で表せ．

    (1) $0.333\cdots$ 　　　　　(2) $0.178178\cdots$ 　　　　　(3) $3.145145\cdots$

5. 以下の値を求めよ．

    (1) $|-2|$ 　　(2) $|1.5|$ 　　(3) $|-3.2|$ 　　(4) $\lfloor 2 \rfloor$ 　　(5) $\lfloor 2.2 \rfloor$

    (6) $\lfloor -3 \rfloor$ 　　(7) $\lfloor -3.5 \rfloor$ 　　(8) $\lfloor 1.6 + 0.5 \rfloor$ 　　(9) $\lceil 4 \rceil$ 　　(10) $\lceil 1.001 \rceil$

6. 以下の表の空欄に適切な数値を書き込み，これを参考にして $y = \lfloor x \rfloor$ のグラフを $-2 \leqq x \leqq 2$ の範囲で描け．

x	-2.0	-1.5	-1.0	-0.5	0	0.5	1.0	1.5	2.0
$\lfloor x \rfloor$									

7. 手持ちの関数電卓（コンピュータのソフトウェアでも可）で，以下の値を求めよ．

(1) 2^{20} 　　　　　　　　(2) $10^{-\frac{3}{2}}$ 　　　　　　　　(3) $\log_{10} 6$

8. つぎの数は 10 進数で何桁になるかを答えよ．

(1) 2^{30} 　　　　　　　　(2) 3^{35}

9. 以下の等式・不等式・命題を証明せよ．ただし，x, y は実数とする．

(1) $|x|^2 = x^2$ 　　　　　　(2) $\sqrt{x^2} = |x|$ 　　　　　　(3) $-|x| \leqq x \leqq |x|$

(4) $n(\geqq 1)$ を整数とし，$x, y \geqq 0$ とする．$x^n \geqq y^n$ ならば $x \geqq y$ である（等号は $x = y$ のときのみ成立する）．

(5) $|xy| = |x||y|$ 　　　(6) $|x+y| \leqq |x| + |y|$ 　　　(7) $\sqrt{x^2 + y^2} \leqq |x| + |y|$

(8) $\lfloor x \rfloor \leqq x < \lfloor x \rfloor + 1$

(9) $x > 0$ とする．$\lfloor 5x \rfloor = 5\lfloor x \rfloor$ ならば，x の小数部分は 0.2 未満である．

(10) $x > 0$ とする．$\lfloor x + 0.5 \rfloor$ は x の小数第 1 位を四捨五入した整数値に等しい．

10. 以下の問いに答えよ．

(1) 0.25 と $\sqrt{0.25}$ ではどちらが大きいか．

(2) $\sqrt{121}$ の根号をはずせ．

(3) $\sqrt{24}$ を $a\sqrt{b}$ の形になおせ．

(4) $\sqrt{18} - 2\sqrt{8} + \dfrac{2}{\sqrt{2}}$ の分母を有理化して簡単にせよ．

(5) $\dfrac{6}{\sqrt{18}}$ の分母を有理化して簡単にせよ．

(6) $\dfrac{1}{\sqrt{2} + \sqrt{3}}$ の分母を有理化して簡単にせよ．

(7) $64^{\frac{1}{3}}$ の値を求めよ．

(8) $\sqrt[5]{2^6}$ を $2^{\frac{a}{b}}$ の形になおせ．

(9) $\sqrt{2}$ と $\sqrt[3]{3}$ ではどちらが大きいか．

(10) $\sqrt{2}$ と $\dfrac{10}{7}$ ではどちらが大きいか．

Column　数学とコンピュータ

　現在，普通に使用されているパーソナルコンピュータ（PC）の内部構造と，そこで行われている処理の流れを示したのが図 1.4 である．

　コンピュータを動作させるには，指令書にあたるプログラムが必要である．メインメモリ（記憶領域）に読み込まれたプログラムの記述に従ってコンピュータはデータを動かし，計算を行う．

　コンピュータの内部では，すべてのデータは 2 進数，すなわち 0 と 1 の集まりとして取り扱われる．それは文字であろうと 3 次元 CG であろうと例外はない．流れるデー

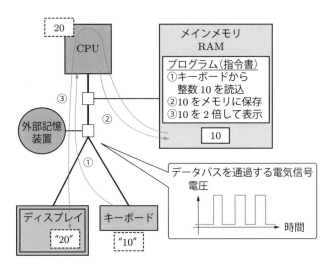

図 1.4 • PC の内部構造と処理の流れ

タはデータバスを通じてデジタル電気信号の形でやりとりされる．キーボードやマウスから入力されたものは，すべて 2 進データに相当するデジタル信号に変換され，メインメモリに蓄えられる．そして，必要に応じて CPU（central processing unit）に呼び出されて計算が行われる．これが膨大な回数実行され，ユーザの要求に応じてその結果がディスプレイに表示されたり，外部記憶装置（ハードディスク，光ディスクなど）にファイルという形で保存されたりする．

　このように，コンピュータが内部で行っている処理は，例外なく 2 進数ベースの計算処理であり，すべてのデータが 2 進数の形で処理される．そのため，普通，私たち人間がイメージできる 10 進数の計算とは異なり，大変わかりづらいものとなっている．また，処理されるデータをどのように扱いたいのか，その手順（アルゴリズム）やデータの構造の把握も，それが目にみえるものではないだけに，想像ができなければ難しい．そのような想像力の習得は，コンピュータがあらかじめプログラムという形で教えられたことしかできないのと同じように，私たちのほうも言葉の意味を限定した形で扱う「数学」という便利な言葉を通じて行うしかない．

　デジタル信号をやりとりしているコンピュータになったつもりで，その処理内容を理解するための基礎的な訓練を，「数学」という言葉を使いながら行う，それが本書「情報数学の基礎」の目的である．

　もちろん，コンピュータで扱えるすべての物事を考えるためには，ここで扱う以上のことを知らなければならない．しかし，コンピュータにまつわるすべての講義や実習は，ここで学んだ内容を土台にしているのである．

人間の手の指は左右合わせて 10 本ある．10 を単位とする自然数の表現方法「10 進法」が生まれたのはこれに起因するといわれているが，コンピュータのような電気信号ですべてのデータを表現しなければならない機械では，二つの状態を単位とする表現方法「2 進法」が何かと都合がよい．本章では，そもそも「数（number）」，特に自然数と整数の「表現（expression）」とはどのようなものだったのか，その根本から考えなおし，特にコンピュータ内部における数の表現に便利な 2, 8, 16 進法について，10 進法と対比しながら考えていく．

2.1 | 10 進法と r 進法

1 パッケージに 1 ダース（dozen）の鉛筆が収まっているとする．このとき，図 2.1 に示すように，このパッケージに収まった鉛筆の本数は 12 である．

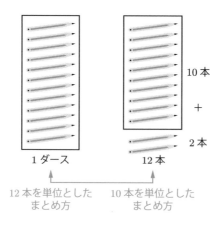

図 2.1 • 12 進法と 10 進法の考え方

この **12** という自然数の表記方法は

$$12 = 10 + 2 = 1 \cdot 10^1 + 2 \cdot 10^0$$

というように，10 を単位としてまとめられた束の本数を左から右に並べていく，というものである．私たちが普段用いているこの自然数の表記方法を **10 進法**（decimal system）とよび，10進法で表記された数を **10進数**（decimal number）とよぶ．小学校以来，算数・数学で教えられてきた計算法は，10進法によって表現された10進数どうしの計算表記方法である．

いままで当たり前のように使用してきた10進法だが，「10を単位とする自然数の表記方法」が存在するのであれば，$r \geqq 2$ である自然数 r（基数とよぶ）を一つ指定して，「r を単位とする自然数の表記方法」，すなわち r 進法があってもよい．実際，ダースというまとめ方は「12を単位とする自然数の表記方法」，すなわち **12進法**（dozenal system）ともいえる．

以上をまとめて，自然数の r 進表現，すなわち r 進法はつぎのように定義できる．

定義2.1 r 進法と r 進数

一般に，自然数 $N(\geqq 0)$ が2以上の整数 r に対して，

$$N = a_n r^n + \cdots + a_2 r^2 + a_1 r + a_0 \tag{2.1}$$

と表されるとする．ここで，係数 $a_i (i \leqq n)$ は整数で，$0 \leqq a_i < r$ を満たす．

このとき，N は r 進法で

$$N = (a_n \ldots a_2 a_1 a_0)_r \tag{2.2}$$

と表される．これを N の **r 進表現**（base-r expression）ともよぶ．r 進法で表される数を **r 進数**（base-r number）という．

r のことを **基数**（radix, base），式 (2.2) のように r 進数を表現する方法を **位取り記数法**（positional notation）とよぶ．

上記の記号を用いると，1ダースの鉛筆の本数は12進法の表現では $(10)_{12}$ となる．なぜならば

$$(10)_{12} = 1 \cdot 12^1 + 0 \cdot 12^0 = 12$$

となるからである．

私たちが日常使用しているのは $r = 10$，つまり，**10進表現**（decimal expression）である．上記の記述に従えば，15や126はそれぞれ，$(15)_{10}$，$(126)_{10}$ と書く必要が出てくるが，10進表現の場合は単純に，15，126 と書くことにする．

では，自然数 x の r 進表現を機械的に計算しようとすると，どのようにすればよいか．

たとえば，自然数32の5進表現を求めたいとしよう．このとき，32は

$$5^2 = 25 \leqq 32 < 125 = 5^3$$

であるから 3 桁で表現できるはずである．すなわち

$$32 = (a_2 a_1 a_0)_5 = a_2 \cdot 5^2 + a_1 \cdot 5^1 + a_0 \cdot 5^0$$

となることがわかる．

　上式の右辺は

$$a_2 \cdot 5^2 + a_1 \cdot 5^1 + a_0 \cdot 5^0 = (a_2 \cdot 5 + a_1) \cdot 5 + a_0$$

となるので，もし 32 を 5 で割れば，商が $a_2 \cdot 5 + a_1$，余りは a_0 になるはずである．
実際にこの計算を実行してみると

$$32 \div 5 = 6 \cdots 2$$

となるので，$a_2 \cdot 5 + a_1 = 6$, $a_0 = 2$ である．つぎに a_1 は，この商を同様にして 5 で
割れば，その余りになるはずである．よって

$$6 \div 5 = 1 \cdots 1$$

となるので，$a_2 = 1$, $a_1 = 1$ となることがわかる．これですべての桁が得られたの
で，32 の 5 進表現

$$32 = (112)_5 = 1 \cdot 5^2 + 1 \cdot 5^1 + 2 \cdot 5^0$$

が得られた．

　この手続きを前述の式 (2.1) に基づいて書くと，つぎのようになる．

定理2.1　　**r 進表現の求め方**

　正の整数 $N > 0$ の r 進表現は，つぎのように求められる．

$$N \div r = y_0 \cdots a_0$$

$$y_0 \div r = y_1 \cdots a_1$$

$$\vdots$$

$$y_{n-1} \div r = y_n (= 0) \cdots a_n$$

と，商と余りを求める計算を進める．結果，得られた余りを並べたものが N の
r 進表現

$$N = (a_n \cdots a_1 a_0)_r$$

となっている.

定理 2.1 の方法を用いて，225 の 5 進表現，7 進表現をそれぞれ求めよ.

この計算方法を使うと，つぎの定理が簡単に証明できる.

定理2.2　　0, 1 の r 進表現

0, 1 の r 進表現は，r が何であれ，$(0)_r, (1)_r$ である.

したがって，0, 1 については特に必要がない限り，$(\quad)_r$ を省略して使用することにする.

2.2　2進法，8進法，16進法

前述したように，日常私たちが使っている数値は 10 進数で表現されている. しかし，デジタル回路内でスイッチが切れている (0)，またはつながっている (1) 状態でしかデータを蓄積できないコンピュータの内部では，すべてのデータは 2 進数（binary number）で表現されていなければならない.

たとえば，12 と 53 をそれぞれ 2 進数で表現すると

$$12 = 8 + 4 = 1 \cdot 2^3 + 1 \cdot 2^2 + 0 \cdot 2^1 + 0 \cdot 2^0 = (1100)_2$$
$$53 = 32 + 16 + 4 + 1 = 1 \cdot 2^5 + 1 \cdot 2^4 + 0 \cdot 2^3 + 1 \cdot 2^2 + 0 \cdot 2^1 + 1 \cdot 2^0$$
$$= (110101)_2$$

となる.

図 2.2 に示すように，コンピュータの用語ではこの 2 進表現の 1 桁分を 1 ビット（bit）とよび，2 進 8 桁，すなわち 8 ビット分を 1 バイト（byte）とよぶ.

2 進数は桁数が 1 バイトに満たないときは，頭に 0 をつけて

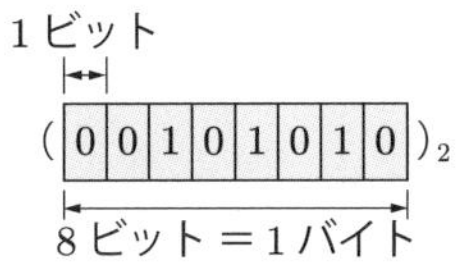

図 2.2 • ビットとバイト

$$(11100)_2 = (00011100)_2$$

のように 8 桁（として）表現することも多い.

　先ほどの 12 と 53 のように，10 進法では 2 桁でも，2 進法ではそれぞれ 4 桁（ビット），6 桁と桁数が長くなるので，読みにくい. そのため，補助的に 8 進数（octal number），16 進数（hexadecimal number）で数値を表現することもある. ここでは，10 進法，2 進数，8 進数，16 進数での数の表し方と相互の変換法について述べる.

　前述の r 進法の定義式 (2.1) により，多項式の係数 a_i に，2 進数では 0 と 1 の二つの数字を，8 進数では 0 から 7 までの八つの数字を使う.

　16 進数でも同様だが，0 から 9 までの数字と 9 を超える数字の代わりとして英字 A, B, C, D, E, F（小文字を使うこともある）の計 16 個を用いる（表 2.1）. このように，必ず位取り記数法の係数は 1 文字で表記する.

表 2.1 • 10 進表現と 16 進表現の対応表

10 進表現	10	11	12	13	14	15
16 進表現	A	B	C	D	E	F

例題 2.1

　10 進数の 0〜15 を，それぞれ 2 進数，8 進数，16 進数で表せ.

解答　たとえば，10 は 2, 8, 16 進数として表現すると，それぞれつぎのようになる.

$$10 = 1 \cdot 2^3 + 0 \cdot 2^2 + 1 \cdot 2^1 + 0 \cdot 2^0 = (1010)_2$$
$$10 = 1 \cdot 8^1 + 2 \cdot 8^0 = (12)_8$$
$$10 = 10 \cdot 16^0 = (A)_{16}$$

その他は表 2.2 を参照.

　この結果を含めて，代表的な整数の 10, 2, 8, 16 進表現の対応を表 2.2 に示す.

問題 2.2　196 の 2 進，8 進，16 進表現を求めよ.

　どんな自然数でも，2 進表現が得られれば，8 進数，16 進数はつぎのように機械的に求められる. $8 = 2^3$ なので，8 進数は 2 進数を下の桁から 3 桁ずつまとめることで得られる. $2^4 = 16$ なので 16 進表現は下の桁から 4 桁ずつまとめることで得られる. このやり方を具体例でみていくことにしよう.

　10 進数の 167 を，それぞれ 2 進数，8 進数，16 進数へ変換したいとする. まず，2 進表現はつぎのように計算できる.

表 2.2 ● 10進, 2進, 8進, 16進数の対応表

10進	2進	8進	16進	10進	2進	8進	16進
0	$(0)_2$	$(0)_8$	$(0)_{16}$	16	$(10000)_2$	$(20)_8$	$(10)_{16}$
1	$(1)_2$	$(1)_8$	$(1)_{16}$	17	$(10001)_2$	$(21)_8$	$(11)_{16}$
2	$(10)_2$	$(2)_8$	$(2)_{16}$	18	$(10010)_2$	$(22)_8$	$(12)_{16}$
3	$(11)_2$	$(3)_8$	$(3)_{16}$	24	$(11000)_2$	$(30)_8$	$(18)_{16}$
4	$(100)_2$	$(4)_8$	$(4)_{16}$	32	$(100000)_2$	$(40)_8$	$(20)_{16}$
5	$(101)_2$	$(5)_8$	$(5)_{16}$	64	$(1000000)_2$	$(100)_8$	$(40)_{16}$
6	$(110)_2$	$(6)_8$	$(6)_{16}$	96	$(1100000)_2$	$(140)_8$	$(60)_{16}$
7	$(111)_2$	$(7)_8$	$(7)_{16}$	128	$(10000000)_2$	$(200)_8$	$(80)_{16}$
8	$(1000)_2$	$(10)_8$	$(8)_{16}$	160	$(10100000)_2$	$(240)_8$	$(A0)_{16}$
9	$(1001)_2$	$(11)_8$	$(9)_{16}$	192	$(11000000)_2$	$(300)_8$	$(C0)_{16}$
10	$(1010)_2$	$(12)_8$	$(A)_{16}$	224	$(11100000)_2$	$(340)_8$	$(E0)_{16}$
11	$(1011)_2$	$(13)_8$	$(B)_{16}$	255	$(11111111)_2$	$(377)_8$	$(FF)_{16}$
12	$(1100)_2$	$(14)_8$	$(C)_{16}$	256	$(100000000)_2$	$(400)_8$	$(100)_{16}$
13	$(1101)_2$	$(15)_8$	$(D)_{16}$	384	$(110000000)_2$	$(600)_8$	$(180)_{16}$
14	$(1110)_2$	$(16)_8$	$(E)_{16}$	512	$(1000000000)_2$	$(1000)_8$	$(200)_{16}$
15	$(1111)_2$	$(17)_8$	$(F)_{16}$	1024	$(10000000000)_2$	$(2000)_8$	$(400)_{16}$

$$
\begin{array}{r|rl}
2) & 167 & \\ \hline
2) & 83 & \cdots 1 \\ \hline
2) & 41 & \cdots 1 \\ \hline
2) & 20 & \cdots 1 \\ \hline
2) & 10 & \cdots 0 \\ \hline
2) & 5 & \cdots 0 \\ \hline
2) & 2 & \cdots 1 \\ \hline
2) & 1 & \cdots 0 \\ \hline
& 0 & \cdots 1
\end{array}
$$

よって, $167 = (10100111)_2$ である. これを多項式の形で表現すると

$$167 = (10100111)_2$$

$$= 1 \cdot 2^7 + 0 \cdot 2^6 + 1 \cdot 2^5 + 0 \cdot 2^4 + 0 \cdot 2^3 + 1 \cdot 2^2 + 1 \cdot 2^1 + 1 \cdot 2^0$$

$$= (1 \cdot 2^1 + 0 \cdot 2^0) \cdot 8^2 + (1 \cdot 2^2 + 0 \cdot 2^1 + 0 \cdot 2^0) \cdot 8^1$$

$$+ (1 \cdot 2^2 + 1 \cdot 2^1 + 1 \cdot 2^0) \cdot 8^0$$

と 3 桁ずつまとめられる. すなわち, $2^3 = 8$ 進数として機械的に表現でき,

$$167 = 2 \times 64 + 4 \times 8 + 7$$

$$= (247)_8$$

が得られる.

　同様にして，4 桁ずつまとめて 16 進数

$$167 = (1 \cdot 2^3 + 0 \cdot 2^2 + 1 \cdot 2^1 + 0 \cdot 2^0) \cdot 16^1 + (0 \cdot 2^3 + 1 \cdot 2^2 + 1 \cdot 2^1 + 1 \cdot 2^0) \cdot 16^0$$

$$= 10 \cdot 16^1 + 7 \cdot 16^0$$

$$= (\text{A}7)_{16}$$

が得られる．これらの変換を図式化すると

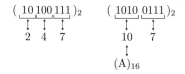

ということになる.

2.3 ｜ 2 進数の加算と減算

　コンピュータの内部ではすべてのデータは 2 進数であることはすでに述べた．当然，すべての計算も 2 進数のまま実行されるが，計算方法は 10 進法と大差なく，1 桁ずつ実行される．異なるのは

- 桁上がり，桁の借り入れの単位が 10 ではなく 2 となる
- 0 と 1 しかないので，1 桁計算のパターンは四つしかない

ということだけである（図 2.3）．ここでは，2.4 節で述べる「2 の補数」で使用する，2 進数の加算・減算方法をみていくことにしよう.

　たとえば，

$$(100001101)_2 + (001010101)_2$$

$$(100001101)_2 - (001010101)_2$$

の計算を 2 進数のまま実行すると，図 2.3 のような処理を行うことになる.

　この計算の結果，

$$(100001101)_2 + (001010101)_2 = (101100010)_2$$

$$(100001101)_2 - (001010101)_2 = (010111000)_2$$

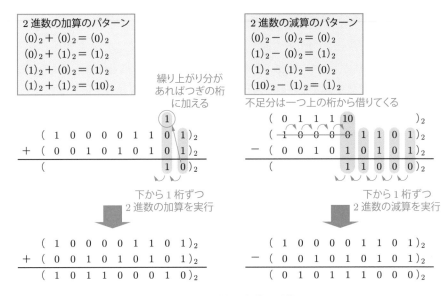

図 2.3 • 2 進数の加算と減算

を得る. 10 進数で表現すると

$$269 + 85 = 354$$

$$269 - 85 = 184$$

である.

問題 2.3 $(11010101)_2 \pm (1011)_2$ の計算を 2 進数のままそれぞれ実行せよ. また, 10 進数に変換して同様の計算を行い, 同じ結果が得られることを確認せよ.

2.4 | 負の整数の表現方法—補数

ここでは, 2 進数であって n 桁で表現できる整数だけを考える.

コンピュータの内部で, 負数を表す方法としては, 2 の補数, 1 の補数, 符号と絶対値を用いる方法, の三つがある. ここでは, 現在一番よく用いられている 2 の補数による方法のみを説明する.

定義2.2	符号つき整数

　2 進数 n 桁（$n = 32, 16, 8$ など 2 の累乗数がよく使われる）で表される数全体，すなわち，0 から $2^n - 1$ までの範囲の整数を考える．最上位桁を 2^{n-1} とみなす場合を符号なし整数といい，-2^{n-1} とみなす場合を符号つき整数という．

$n = 8$ のとき，2 進数と，符号つき・符号なし整数の対応表は表 2.3 のようになる．

表 2.3 ● 2 進数と符号つき・符号なし整数の対応表（$n = 8$）

2 進数	符号なし整数	符号つき整数
0000 0000	0	0
0000 0001	1	1
...	...	...
0111 1111	127	127
1000 0000	128	-128
1000 0001	129	-127
...	...	...
1111 1110	254	-2
1111 1111	255	-1

　2 進表現をそのまま 10 進表現にしたものが符号なし整数である．たとえば $(01111111)_2 = 127, (10000000)_2 = 128$ である．

　これに対して，符号つき整数は，最上位桁だけが -2^8 となるので，最上位桁がゼロであれば，たとえば，$(01111111)_2 = 127$ のように符号なし整数と同じであるが，最上位桁が 1 になると負の整数になる．つまり

$$(10000000)_2 = -2^8 = -128$$

$$(10000001)_2 = -2^8 + 1 = -127$$

$$\vdots$$

$$(11111110)_2 = -2^8 + 126 = -2$$

$$(11111111)_2 = -2^8 + 127 = -1$$

となる．

　このような符号つき整数は，2 の補数を用いて表現されている．

　　2の補数

2進数 n 桁で表される整数 x に対して，$x + y = 2^n$ を満たす y を，x の **2の補数**（two's complement）と定義する．符号つき整数では，x の2の補数 y を $-x$ とみなす．このとき，1から $2^{n-1} - 1$ までの範囲の数を正の数と考え，2^{n-1} から $2^n - 1$ までの範囲の数を負の数と考える．

$n = 8$ の場合を例に挙げて説明する．$x = 100 = (01100100)_2$ とする．$2^n = 2^8 = 256$ であるから，x の2の補数は，$156 = (10011100)_2$ である．実際にこの二つの数を加算してみると，

$$
\begin{array}{r}
(0\ 1\ 1\ 0\ 0\ 1\ 0\ 0)_2 \\
+\quad (1\ 0\ 0\ 1\ 1\ 1\ 0\ 0)_2 \\
\hline
(\ \textcircled{1}\ 0\ 0\ 0\ 0\ 0\ 0\ 0\ 0)_2 \\
\end{array}
$$

8ビットに収まらない
キャリーは落とされる　$(0\ 0\ 0\ 0\ 0\ 0\ 0\ 0)_2$

となる．2進数8桁で表される数だけを考えているので，9桁目へ桁上がりした1（これをキャリーという）は無視する．したがって，100と156を加算すると（9桁目への桁上げを無視すれば）0になる．

●**2の補数のつくり方（1）**　8桁の2進数の場合，100の2の補数を求める手順は以下のとおりである．ここで，$\bar{x}$ を x の2進表現の各桁を反転（$0 \to 1, 1 \to 0$）したものとする．

手順	2進数
① x が与えられる．	$x = 01100100$
② 各桁の0と1を反転（x の1の補数）．	$\bar{x} = 10011011$
③ これに1を加える．	$+1$
④ x の2の補数 y が得られる．	$y = 10011100$

$$100 = (0\ 1\ 1\ 0\ 0\ 1\ 0\ 0)_2$$

各ビットごとに反転させる

$$(1\ 0\ 0\ 1\ 1\ 0\ 1\ 1)_2$$

1を加える

$$(1\ 0\ 0\ 1\ 1\ 0\ 1\ 1)_2 + (1)_2$$
$$= (1\ 0\ 0\ 1\ 1\ 1\ 0\ 0)_2$$

2の補数表現

【発展】2 の補数のつくり方の根拠

$0 < x < 2^n$ で,$x = \displaystyle\sum_{i=0}^{n-1} b_i 2^i$, ただし,$b_i$ は 0 または 1 である.また,y を x の 2 の補数とすると,$x + y = 2^n$ であるから,

$$
\begin{aligned}
y &= 2^n - x \\
&= (2^n - 1) + 1 - \sum_{i=0}^{n-1} b_i 2^i \\
&= \sum_{i=0}^{n-1} 2^i - \sum_{i=0}^{n-1} b_i 2^i + 1 \\
&= \sum_{i=0}^{n-1} (1 - b_i) 2^i + 1 \\
&= \sum_{i=0}^{n-1} \bar{b}_i 2^i + 1
\end{aligned}
$$

ただし,

$$
\bar{b}_i = \begin{cases} 1 & b_i = 0 \text{ のとき,} \\ 0 & b_i = 1 \text{ のとき.} \end{cases}
$$

これが「2 の補数のつくり方 (1)」の根拠である.

さらに,b_i には必ず 0 でないものが含まれるので,ある桁 $m(0 \le m < n)$ に対して,$b_m = 1$ であって,それより下位の桁がすべて $0(b_{m-1} = \cdots = b_1 = b_0 = 0)$ となる.このとき,

$$
\sum_{i=0}^{m} \bar{b}_i 2^i + 1 = \sum_{i=0}^{m-1} 2^i + 1 = 2^m = \sum_{i=0}^{m} b_i 2^i
$$

である.ゆえに,この等式を使うと,次式を得る.

$$
y = \sum_{i=0}^{n-1} \bar{b}_i 2^i + 1 = \sum_{i=m+1}^{n-1} \bar{b}_i 2^i + \left(\sum_{i=0}^{m} \bar{b}_i 2^i + 1 \right) = \sum_{i=m+1}^{n-1} \bar{b}_i 2^i + \sum_{i=0}^{m} b_i 2^i
$$

これは,つぎの方法によっても 2 の補数を求めることができることを意味する.

● **2 の補数のつくり方（2）** 8 桁の 2 進数の場合の，100 の 2 の補数を求める手順を以下に示す．もっとも右にある 1 とそれより右にあるすべての 0 はそのままで，それ以外のビットはすべて反転させる．

手順	2 進数
① x が与えられる．	$x = 01100100$
② 一番右にある 1 まではそのまま．	100
③ それより左は反転させる．	$y = 10011100$

$$100 = (\,0\,1\,1\,0\,0\,|\,1\,0\,0\,)_2$$

反転 ↓↓↓↓↓　↓ そのまま

$$(\,1\,0\,0\,1\,1\,|\,1\,0\,0\,)_2$$

2 の補数表現

例題 2.2

-12（12 の 2 の補数）を 8 桁の 2 進数で表現せよ．

解答　$x = 12 = (00001100)_2$ とする．

手順	2 進数
① x が与えられる．	$x = 00001100$
② 一番右にある 1 まではそのまま．	100
③ それより左は反転させる．	$y = 11110100$

よって，$-12 = (11110100)_2$ である．

問題 2.4　「2 の補数のつくり方（1）」，「同（2）」を用いて，-75 を 8 桁の 2 進数で表現し，同じ結果になることを確認せよ．

2.5 | 発展：小数の表現方法と近似値

　第 1 章で述べたように，実数は有限小数，循環小数，循環しない無限小数として表現されるものをすべて含む．しかし，現実には無限の桁数を表記することはコンピュータといえども不可能である．したがって，必要な桁数で打ち切った近似値 (approximation) を用いる必要がある．ここでは整数同様，小数も r 進表現できることを確認し，10 進小数における四捨五入と同様の，r 進小数の近似値の導出方法をみていくことにしよう．

2.5.1　小数の r 進表現

10 進数では，1 より小さい数も $10^{-1} = 1/10$ を単位として表記される．たとえば 321.123 という実数は，小数部が

$$0.123 = 0.1 + 0.02 + 0.003 = 1 \times 10^{-1} + 2 \times 10^{-2} + 3 \times 10^{-3}$$

であることを意味するので，全体としては

$$321.123 = 3 \times 10^2 + 2 \times 10^1 + 1 \times 10^0 + 1 \times 10^{-1} + 2 \times 10^{-2} + 3 \times 10^{-3}$$

と表現できる．

したがって，自然数の場合と同様に，任意の実数 x の r 進表現は

$$x = \underbrace{a_n r^n + \cdots + a_2 r^2 + a_1 r + a_0}_{\text{整数部}} \underbrace{+ a_{-1} r^{-1} + a_{-2} r^{-2} + \cdots}_{\text{小数部}} \tag{2.3}$$

となる．第 1 章でも述べたように，実数は小数部が無限に続くことがある．

例として，10 進小数 0.625 および 0.4 を 2 進小数へ変換してみよう．

まず，10 進小数を整数部と小数部に分ける．整数部は定理 2.1 で述べた方法で 2 進数へ変換する．

小数部は，以下のように $r = 2$ をつぎつぎに掛け，1 の位に現れた整数を取り出して位の大きい順に求めていく．

1. 10 進小数 x に対して，

   - $2x < 1$ ならば小数点以下 1 桁目は 0 となり，$x \leftarrow 2x$ とおきなおしてステップ 2 に進む．
   - $2x \geqq 1$ ならば，小数点以下 1 桁目は 1 であり，$x \leftarrow 2x - 1$ とおきなおしてつぎのステップ 2 に進む．

2. 10 進小数 x に対して，

   - $2x < 1$ ならば小数点以下 2 桁目は 0 となり，$x \leftarrow 2x$ とおきなおしてステップ 3 に進む．
   - $2x \geqq 1$ ならば，小数点以下 2 桁目は 1 であり，$x \leftarrow 2x - 1$ とおきなおしてつぎのステップ 3 に進む．

   …以下同様…

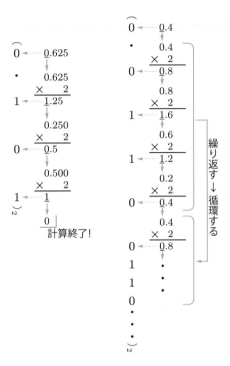

図 2.4・2 進小数への変換

　この手続きを x が 0 になるまで続ける．ただし，図 2.4 の 0.4 の変換手続きのように，同じパターンの数が繰り返し出てきて循環することがある．10 進表現では有限小数であっても，このように 2 進表現では循環小数となる場合がある．

　以上より，0.625 と 0.4 の 2 進表現は

$$0.625 = 1 \times 2^{-1} + 0 \times 2^{-2} + 1 \times 2^{-2} = (0.101)_2$$

$$0.4 = 0 \times 2^{-1} + 1 \times 2^{-2} + 1 \times 2^{-3} + 0 \times 2^{-4} + \cdots = (0.\dot{0}11\dot{0})_2$$

となる．

2.5.2　丸め，有効桁数，近似値，誤差

　長い桁数の小数を，指定された短い桁数の小数にする操作を丸め（round-off）とよび，丸められた値を近似値（approximation）とよぶ．たとえば，1543/1250 を小数第三位まで求めたい場合，

$$\frac{1543}{1250} = 1.2344$$

となるので，小数第四位を四捨五入して

$$1.2344 \approx 1.234$$

として，両者が近い数値であることを $\approx$ で表現するのが普通である．これが丸めである．ほかにも，単純に小数第四位が 1 以上であれば 1.235 としてしまう切り上げ方式，常に 1.234 としてしまうの切り捨て方式もある（図 2.5）．

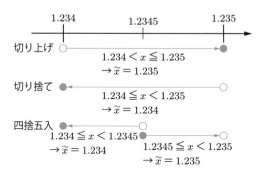

図 2.5・$1.234 \leqq x < 1.235$ のときの丸め方式による違い

　近似値のうち，先頭から続くゼロを除いた桁数を有効桁数（significant digits）とよぶ．1.234 の場合，有効桁数 4 桁ということになる．なお，小数の桁数が有効桁数に満たないときには，末尾に必要な桁数だけゼロを付加して表現する．たとえば，271.82 を有効桁数 1, 2, 3, 4 桁で表現するときには

$$\text{有効桁数 1 桁 } \cdots \text{ 300 または } 3 \times 10^2$$
$$\text{有効桁数 2 桁 } \cdots \text{ 270 または } 2.7 \times 10^2$$
$$\text{有効桁数 3 桁 } \cdots \text{ 272 または } 2.72 \times 10^2$$
$$\text{有効桁数 4 桁 } \cdots \text{ 271.8 または } 2.718 \times 10^2$$

とする．後者の「3×10^2」のように，基数のべき乗と組み合わせて表現する方式を浮動小数点方式とよぶ（付録 A.4 も参照）．

　r 進小数の場合，10 進小数の四捨五入方式に相当する丸め方式はまたは $\lfloor r/2 \rfloor - 1$ 捨 $\lfloor r/2 \rfloor$ 入になる．たとえば，2 進小数では 0 捨 1 入方式になる[†]．

　真の値（真値）を x，指定された有効桁数に x を丸めて得た近似値を $\tilde{x}$ とする．このとき，x と $\tilde{x}$ とのズレ，すなわち $\tilde{x} - x$ を誤差（error）とよび，符号が不要なときには絶対誤差，ゼロ以外の真値に対して相対的なズレの大きさを知りたいときには相対誤差という値を用いる．

---

　†　実際には，現在主流の 2 進丸め方式は，単純な 0 捨 1 入ではない．

$$誤差 \cdots \widetilde{x} - x$$

$$絶対誤差 \cdots |\widetilde{x} - x|$$

$$相対誤差 \cdots \left|\frac{\widetilde{x} - x}{x}\right| \qquad (x \neq 0)$$

誤差を数値で表現するときには，せいぜい有効桁数 2〜3 桁の近似値にするのが普通である．

前述の例の場合，真値は $x = 1543/1250$，四捨五入した近似値は $\widetilde{x} = 1.234$ なので，誤差，絶対誤差，相対誤差はそれぞれ

$$誤差 \cdots \widetilde{x} - x = -4 \times 10^{-4}$$

$$絶対誤差 \cdots |\widetilde{x} - x| = 4 \times 10^{-4}$$

$$相対誤差 \cdots \left|\frac{\widetilde{x} - x}{x}\right| \approx 3.2 \times 10^{-4}$$

となる．図 2.5 から明らかなように，四捨五入方式は絶対誤差・相対誤差を最小にする丸め方式であるといえる．

問題 2.5　$x = 1543/1250$ を切り上げ，切り捨て，四捨五入して有効桁数 3 桁に丸めた近似値を求め，誤差，絶対誤差，相対誤差をそれぞれ求めよ．

2.6 ｜ まとめ

本章では，まず正の整数が r 進法によって表現できることを示した．特にコンピュータ内部で使用される 2 進表現については，表記の利便性から 8 進表現，16 進表現が使用され，2 進表現から簡単に変換できることも示した．負の整数表現として 2 の補数も学んだ．

===== 章末問題 =====

1. 以下の問いに答えよ．
   (1) 10 進数の 225 を 2 進数，8 進数，16 進数で表せ．
   (2) 2 進数の $(10010110)_2$ を 8 進数，10 進数，16 進数で表せ．
   (3) 8 進数の $(357)_8$ を 2 進数，10 進数，16 進数で表せ．
   (4) 16 進数の $(F8)_{16}$ を 2 進数，8 進数，10 進数で表せ．

2. 以下の計算をせよ.

(1) $(10010110)_2 + (00101101)_2$

(2) $(10010110)_2 - (00101101)_2$

(3) $(10000000)_2 - (00101101)_2$

(4) $(11111111)_2 - (00101101)_2$

3. 以下の空欄に当てはまる適切な数を書け.

10 進数	2 進数	8 進数	16 進数
46			
	$(10010100)_2$		
		$(456)_8$	
			$(FA)_{16}$

4. 以下の空欄に当てはまる適切な数を書け.

10 進数	2 進数	8 進数	16 進数
51			
	$(10101010)_2$		
		$(724)_8$	
			$(D5)_{16}$

5. つぎの数を 8 桁の 2 進数で表現せよ.

(1) -1　　　(2) -2　　　(3) -3　　　(4) -45　　　(5) -16

6. $r > 1$ を整数とする. 実数 N が位取り記数法により以下のように表されているとき, 整数 n を, 床関数 $\lfloor \ \ \rfloor$, log, r, N を用いて表せ.

$$N = a_n r^n + \cdots + a_2 r^2 + a_1 r + a_0 = (a_n \ldots a_2 a_1 a_0)_r, \quad a_n \neq 0$$

7. つぎの式を簡単にせよ. ただし, n は正整数とする.

$$2^{n-1} + \cdots + 2 + 1$$

> ### Column　ビットとバイト
>
> 　コンピュータの内部ではすべてのデータが 2 進表現されていることはすでに述べた. 現在のコンピュータでは 1 バイトが最小のデータ量であり, ビット単位では扱わないのが普通である[†1]. 情報量, あるいはデータ量はバイト単位で扱い, 略称には大文字の B を用いる[†2]. 大容量を表す単位としては $2^{10} = 1024$ を単位として[†3], キロバイト (KB), メガバイト (MB), ギガバイト (GB), テラバイト (TB), ペタバイト

[†1] ただし, コンピュータネットワークの通信速度はビット / 秒 (bit per second, bps) を単位として使う.

[†2] ビットの略称には小文字の b を用いる.

[†3] 1000 の場合もある.

(PB), …という名称（略称）が用いられる.

$$1024\text{B （バイト）} = 1\text{KB}$$
$$1024^2\text{B} = 1\text{MB} = 1024\text{KB}$$
$$1024^3\text{B} = 1\text{GB}$$
$$1024^4\text{B} = 1\text{TB}$$
$$1024^5\text{B} = 1\text{PB}$$
$$\vdots$$

　では，コンピュータが扱うデータ量はどのぐらいになるのか．文字データと画像のケースを比較してみよう.

● **文字データの例：ASCII コード**　欧米圏で普通に使用される文字（アルファベット，数字，その他記号）は日本語に比べて数が少ないので，128 個，つまり 1 バイト以内に収まる．16 進表現と文字との対応を定めている規格が ASCII コードとよばれているもので，具体的には表 2.4 のようになる．したがって，"This is a pen." という文は 2 重引用符を除いて 14 文字あるので，14 バイトのデータ量ということになる．ASCII コードでは「文字数＝バイト数」となるので，1KB は 1024 文字，1MB は $1024^2 = 1048576$ 文字になる．したがって，1 枚につき 650MB のデータが納められる CD-R の場合，約 6 億 8 千万文字を保存しておくことができる.

表 2.4 ● ASCII コード表（16 進表現）

1桁目 ＼ 2桁目	0	1	2	3	4	5	6	7
0	NUL		SP	0	@	P	'	p
1			!	1	A	Q	a	q
2			"	2	B	R	b	r
3			#	3	C	S	c	s
4			$	4	D	T	d	t
5			%	5	E	U	e	u
6			&	6	F	V	f	v
7			'	7	G	W	g	w
8	BS		(	8	H	X	h	x
9			)	9	I	Y	i	y
A	LF		*	:	J	Z	j	z
B		ESC	+	;	K	[	k	{
C			,	<	L	¥	l	|
D	CR		−	=	M	]	m	}
E			.	>	N	^	n	~
F			/	?	O	_	o	DEL

●**画像データの例：ビットマップの静止画の場合**　1 点（pixel）ごとに分割し，各点に色情報（RGB）を付加して 2 進表記したものをビットマップ（bitmap）画像とよぶ．赤（Red），緑（Green），青（Blue）のそれぞれに 1 バイトずつ割り当てて色の濃さを指定すると，約 1678 万色（$\approx 2^{24}$）の色が表現できる．これを 24 ビットフルカラーとよぶ[†]．

　いま，24 ビットフルカラーで縦横それぞれ 1024 ピクセルの画像が 1 枚あるとすると，図 2.6 に示すように，3MB のデータ量が必要となる．

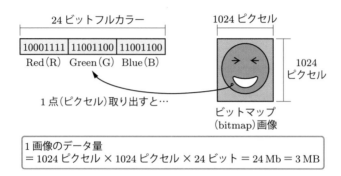

図 2.6 ● ビットマップ静止画像の構成とデータ量

　もし，これが 1 秒間に 10 画像の切り替えが必要となる 30 分の動画だとしたら，どのぐらいのデータ量が必要になるだろうか．電卓を使って試しに計算してみていただきたい．ハイビジョン（1920 × 1080 ピクセル）の動画を 2 時間保存できる Blu-ray ディスクに 50 GB のデータ容量が必要である理由が理解できるだろう．このように，文字データに比べて画像のデータ量は膨大になりがちなのである．

---

† 中途半端なので，実際には 32 ビット分割り当てることが多い．

数学とは計算を扱う学問である，と世間一般では思われているが，第 1 章で述べたように，実際にはそうではない．「計算」という操作を支える理論を論理的に正しくつくり上げることが，本来の数学の役割である．本章では，その「論理」を構築するための一番の基礎となる言葉の使い方について学んでいく．

3.1 命題と真理値

第 1 章で述べたように，「2 は 5 より小さい」「2 は 5 と等しい」など客観的に「正しい」（真），「正しくない」（偽）の判定ができる主張を命題という．数学で扱う定理や数式は例外なく「命題」であり，真偽が明確でなければならない．「あの花は美しい」のような主張は，人によって真偽の判断が異なるため，命題として取り扱わない．

以下では命題の真偽を示す値を決め，これをその命題の真理値とよぶことにする．

たとえば，x が実数であるとする．このとき

$$2x^2 + 3x + 1 = 0$$

という等式も命題である．もし，$x = -1/2$ あるいは $x = -1$ であれば，この等式は「正しい命題」になるので，真理値として真をもつ．しかし，それ以外の実数，たとえば $x = 3$ であればこの等式は成立せず，「正しくない命題」，すなわち，真理値は偽になる．

定義3.1 命題の真理値

「2 は 5 より小さい」のように正しい命題を真（true）である（T，1 などと表す）といい，「2 は 5 と等しい」のように誤った命題を偽（false）である（F，0 などと表す）という．

例題 3.1

整数 x がつぎの表上段の値をとるとき，左の三つの命題（数式）の真理値をそれぞれ書け.

	$x = -3$	$x = 0$	$x = 3$
$x^3 - 27 = 0$			
$x^3 - 27 > 0$			
$x^3 - 27 \leqq 0$			

解答

	$x = -3$	$x = 0$	$x = 3$
$x^3 - 27 = 0$	F	F	T
$x^3 - 27 > 0$	F	F	F
$x^3 - 27 \leqq 0$	T	T	T

命題論理においては，命題は文章としてではなく記号（アルファベット等）で置き換え，複雑な命題は記号と接続詞や修飾語の組み合わせによって式（命題論理式）として表現される.

たとえば，「x は -3 より小さいか 5 より大きい」という命題を考えよう. この命題は，「x は -3 より小さい」という命題と，「x は 5 より大きい」という命題の二つから構成されている. これらをそれぞれ A, B というアルファベットに置き換えると，もとの命題は「A または B」と表現できる.

同様に，「太郎は男性か女性のどちらかである」という命題を考える. C を「太郎は男性である」，D を「太郎は女性である」と置き換えると，もとの命題は「C または D」と表現できる.

これら二つの異なる命題は，形式だけ取り出すとどちらも「p または q」というものであることがわかる. 命題論理では命題そのものではなく，このような命題の形式（構成）だけを考える.

この形式化された「p または q」という命題の型を命題論理式（または単純に式），p, q を真 (T) か偽 (F) を値とする命題変数，命題変数を結びつけている接続詞「または」を論理演算子とよぶ.

論理演算子を用いて命題変数を組み合わせることによって，複雑な命題を式の形で表現できるようになる. ただし，組み合わせ方には規則があり，論理演算子は「または」「かつ」という接続詞，あるいは「〜でない」という否定修飾語で表現できるものに限られる.

| 定義3.2 | 論理演算子（1）：論理和，論理積，否定 |

論理和（選言）…「または」「or」

論理積（連言）…「かつ」「and」

否定　　　　…「～でない」「not ～」

これらをつぎの記号で記述する．p, q を命題とすると

論理和「p または q」$\iff$　$p \vee q$

論理積「p かつ q」　$\iff$　$p \wedge q$

否定　「p でない」　$\iff$　$\neg p$

となる．

　命題論理式の真理値は，命題を構成する命題変数の真理値と論理演算子の種類によって変化する．常識的に考えれば，つぎの例題のようになることは理解できるだろう．

| 例題 3.2 |

　命題 p, q の真理値がそれぞれ $p = \boldsymbol{T}$, $q = \boldsymbol{F}$ の場合，命題論理式 $p \vee q$, $p \wedge q$, $\neg p$ の真理値を求めよ．

- - - - - - - -

解答

- 論理和　　　　　$p \vee q$：「p または q」

　　　　　　　　　$\Leftrightarrow$「p か q か，どちらか一方が真であれば真」

　　　　　　　　　$= \boldsymbol{T}$

- 論理積　　　　　$p \wedge q$：「p かつ q」

　　　　　　　　　$\Leftrightarrow$「p も q も，どちらも真であるときのみ真」

　　　　　　　　　$= \boldsymbol{F}$

- 否定　　　　　　$\neg p$：「p でない」

　　　　　　　　　$= \boldsymbol{F}$

　以上の定義に従って，p, q のすべての真理値のパターンをまとめて表にしたものを真理値表とよぶ．

定義3.3	否定の真理値表

否定の真理値表はつぎのようになる.

p	$\neg p$
T	F
F	T

否定の真理値表

p	$\neg p$	$\neg(\neg p)$
T	F	T
F	T	F

から, 二重否定 $\neg(\neg p) = \neg\neg p$ はもとの命題 p と同じ真理値表になることはすぐにわかる.

定義3.4	論理和, 論理積の真理値表

論理和・論理積の真理値表はつぎのようになる.

p	q	$p \vee q$	$p \wedge q$
T	T	T	T
T	F	T	F
F	T	T	F
F	F	F	F

例として $\neg(p \wedge q)$ の真理値表をつくってみよう. 計算の順番は, 普通の数の計算同様, 括弧の中が優先されるので

1. $p \wedge q$
2. 上式の否定

となる. よって, 真理値表はつぎのようになる.

		1.	2.
p	q	$p \wedge q$	$\neg(p \wedge q)$
T	T	T	F
T	F	F	T
F	T	F	T
F	F	F	T

問題 3.1 つぎの命題論理式の真理値表をつくれ.

1. $\neg(p \vee q)$
2. $(p \vee q) \wedge r$

3.2 | 命題論理におけるド・モルガンの定理

異なる二つの命題論理式でも，真理値表が完全に一致するとき，この命題論理式は等しいといい，等号 (=) を用いてつぎのように定義する.

定義3.5 命題論理における "=" 記号

p, q は命題変数，$T(p,q)$ と $S(p,q)$ は p, q と論理演算子を有限回組み合わせてつくられた命題論理式とする．もし $T(p,q)$ と $S(p,q)$ の真理値が完全に一致するならば，

$$T(p,q) = S(p,q)$$

と書く.

以上のことから，つぎの定理が導ける.

定理3.1 交換律，結合律，分配律，吸収律

p, q, r が命題であるとき，以下の法則が成立する.

交換律

$$p \vee q = q \vee p$$

$$p \wedge q = q \wedge p$$

結合律

$$(p \vee q) \vee r = p \vee (q \vee r)$$

$$(p \wedge q) \wedge r = p \wedge (q \wedge r)$$

分配律

$$(p \vee q) \wedge r = (p \wedge r) \vee (q \wedge r)$$

$$(p \wedge q) \vee r = (p \vee r) \wedge (q \vee r)$$

吸収律（absorption law）

$$(p \lor q) \land p = p$$
$$(p \land q) \lor p = p$$

問題 3.2　上記の定理が正しいことを真理値表をつくって確認せよ.

　同様にして，ド・モルガンの定理が成立することも，真理値表をつくることで確認できる.

定理3.2　　**ド・モルガンの定理（de Morgan's theorem）（命題論理バージョン）**

p, q が命題であるとき,

$$\neg(p \lor q) = \neg p \land \neg q$$
$$\neg(p \land q) = \neg p \lor \neg q$$

が成立する.

　ド・モルガンの定理は次章で示すとおり，集合演算においても成立する（定理 4.1）. この定理を用いると，真理値表をつくらなくても否定つきの括弧を外したりつけたりする命題論理式の変形が可能となる.

問題 3.3　ド・モルガンの定理を用いて，**真理値表を使わずに**，つぎの等式が成立することを説明せよ.

1. $\neg(\neg p \land q) = p \lor \neg q$
2. $p \lor \neg q \lor \neg r = \neg(\neg p \land \neg(\neg q \lor \neg r))$

3.3 | 含意と同値，十分条件，必要条件，必要十分条件

　数学における定理は「〜ならば〜」（if 〜 then 〜）という形式で表現されるものが多い. これは含意とよばれる論理演算子である.

定義3.6	論理演算子（2）：含意

含意を用いた命題「p ならば q である」を

$$p \Rightarrow q$$

と書く．含意の真理値表は下記のようになる．

p	q	$p \Rightarrow q$
T	T	T
T	F	F
F	T	T
F	F	T

前提となる命題 p が $\boldsymbol{T}$ であれば，結果となる命題 q の真理値と $p \Rightarrow q$ の真理値は一致する．$p = \boldsymbol{F}$ なら，q の真理値に関係なく $p \Rightarrow q$ は $\boldsymbol{T}$ となる．

含意を含む命題論理式 $p \Rightarrow q$ において，命題 p を前提，あるいは十分条件とよび，命題 q を結論，あるいは必要条件とよぶ．数学の定理では，この十分条件，必要条件といういい方をよく用いる．

たとえば

「与えられた図形が三角形であれば，この図形の内角の和は 180 度である」

（定理 1.1）という命題が与えられたとする．命題 P, Q をそれぞれ

P：「与えられた図形は三角形である」

Q：「与えられた図形の内角の和は 180 度である」

とすれば，この命題は $P \Rightarrow Q$ という命題論理式で表現される．すなわち，

$\underbrace{\text{与えられた図形が三角形}}_{P：十分条件}$ であれば，$\underbrace{\text{この図形の内角の和は 180 度である}}_{Q：必要条件}$

である．

両方の命題変数が必要条件でもあり，十分条件でもあるという定理も存在する．たとえば

三角形 ABC において角 C が直角であるとき，そのときに限り $\text{AB}^2 = \text{CA}^2 + \text{BC}^2$ が成立する

という三平方の定理において

P：「三角形 ABC において角 C は直角」

Q：「$\text{AB}^2 = \text{CA}^2 + \text{BC}^2$ が成立する」

とすると，この定理は $P \Rightarrow Q$ であると同時に，$Q \Rightarrow P$ であることも主張していることになる．つまり

$$(P \Rightarrow Q) \wedge (Q \Rightarrow P)$$

である．この場合，命題 P, Q はどちらも必要十分条件であるという．

このような「〜であるとき，そのときに限り」(if and only if) という論理演算子を，同値とよぶ．

定義3.7　　論理演算子（3）：同値

同値を用いた命題「p であるとき，そのときに限り q である」を

$$p \equiv q$$

と書く．

同値の真理値表はつぎのようになる．

p	q	$p \equiv q$
T	T	T
T	F	F
F	T	F
F	F	T

p と q の真理値が一致しているときのみ真となる．

定義 3.7 の同値の真理値表より，二つの命題 p, q からなる式 $T(p,q), S(p,q)$ の真理値が一致するとき，すなわち

$$T(p,q) = S(p,q)$$

であるときは，同値で結ばれた式

$$T(p,q) \equiv S(p,q)$$

は，p, q の真理値にかかわらず常に真になることがわかる．このように，常に真になる式のことを恒真式（tautology）とよぶ．

問題 3.4　同値 $p \equiv q$ の真理値表が

$$(p \Rightarrow q) \wedge (q \Rightarrow p)$$

と一致することを確認せよ．

●**論理演算子の結合力の強さ**　数の四則演算においては, 括弧なしの式, たとえば

$$-a + b \times c/d$$

は

$$(-a) + ((b \times c)/d)$$

と同じ計算順で解釈する必要があった. つまり, $+$, $-$ よりも $\times$, $/$ が先に計算され, $+$ と $-$, $\times$ と $/$ だけからなる部分は左から順に計算を行う, というルールがあった. このように, 演算子の結合力の強さを変えておくことで, 不要な括弧を省くことができる.

論理演算子においても, つぎのように結合力の強さを規定しておくと, 括弧の数を減らすことができて便利である.

$$① \neg \quad ② \wedge \quad ③ \vee \quad ④ \Rightarrow \quad ⑤ \equiv$$

したがって, たとえば

$$p \equiv \neg q \wedge r \Rightarrow s \vee t$$

は

$$p \equiv (((\neg q) \wedge r) \Rightarrow (s \vee t))$$

と同じ順で解釈される.

3.4 | 逆, 裏, 対偶

含意を含んだ命題論理式において, 逆 (十分条件, 必要条件を逆にする), 裏 (十分条件, 必要条件の否定をとる) という変形を定義すると, 対偶 (逆も裏も両方行った変形) も可能になる. これをまとめると, つぎのようになる.

定義3.8　　**逆, 裏, 対偶**

命題 $p \Rightarrow q$ の逆 (inverse), 裏 (obverse), 対偶 (contraposition) はそれぞれ

$$逆 : q \Rightarrow p$$
$$裏 : \neg p \Rightarrow \neg q$$
$$対偶 : \neg q \Rightarrow \neg p$$

である.

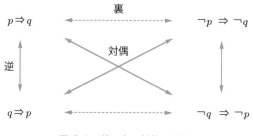

図 3.1 ● 逆・裏・対偶の関係

特に，対偶については以下の定理が知られている．

定理3.3	対偶の同値性

p, q が命題であるとき，

$$p \Rightarrow q = \neg q \Rightarrow \neg p$$

が成立する．

この定理より，$p \Rightarrow q$ の証明が必要なときには，その代わりに $\neg q \Rightarrow \neg p$ の証明を行ってもよいことがわかる．

問題 3.5 上記の定理が成立することを真理値表をつくって確認せよ．

3.5 | 証明と命題論理

　数学における「証明」とは，第 1 章で述べたように，数学的に正しい命題（定理など）の説明を厳格に行うものである．その厳格さを保証するための理屈づけを体系化したものが，命題論理を土台とした「（数理）論理学」なのである．

　論理学の詳細は専門書[3]に譲るが，ここではいままで述べてきた命題論理の記号を用いて，ごく簡単で常識的な事柄を紹介する．

3.5.1 含意を含む命題の証明

　数学における定理の多くは，前述したように，十分条件（前提，仮定）P と必要条件（結論）Q を含意で結んだ「$P \Rightarrow Q$」という形をとる．したがって，これが正しいことを証明するためには，当然

$$P = \boldsymbol{T}$$

であることを約束した上で，

$$P \Rightarrow Q = \boldsymbol{T}$$

であることを，ほかの正しい命題（定理）を組み合わせて示す．その結果，含意の真理値表（定義 3.6）より

$$Q = \boldsymbol{T}$$

であることがわかる，という仕組みになっている.

　当たり前だが，逆に十分条件が正しくない，つまり

$$P = \boldsymbol{F}$$

であれば，常に

$$P \Rightarrow Q = \boldsymbol{T}$$

がいえてしまう．正しくない前提の下では「正しくないとはいえない」，つまり「正しい」としか判断できないことになる．しかしこの場合は，必ずしも必要条件 Q が正しいとはいえない．Q の真偽にかかわらず，常にこの命題は真となるからである.

　つまり，**十分条件（前提）の正しさが保証されていない定理の証明は必要条件（結論）の正しさも保証しない**†，ということになる．命題論理の基盤はこのような「常識」（的なこと）に依拠しているのである.

3.5.2　背理法という証明法

　$P \Rightarrow Q$ という命題の正しさを証明する方法として，背理法（proof by contradiction）というものがある．この証明法はつぎの定理に基づいている.

定理3.4	「ならば」のいい換え

　命題「P ならば Q」は，命題「P でないかまたは Q」と同値である．命題論理式で表現すると

$$P \Rightarrow Q = \neg P \vee Q \tag{3.1}$$

となる.

この定理が正しいかどうかは真理値表を用いて計算してみれば確認できる.

---

† もっと広くいうと，$(P \wedge (P \Rightarrow Q)) \Rightarrow Q$ という，P, Q の真偽にかかわらず常に真になる恒真式に基づく「推論規則」が，この証明の土台になっている.

$P \Rightarrow Q$ が正しいことを示すためには，この否定命題 $\neg(P \Rightarrow Q)$ が正しくないことを示してもよい．上記の定理とド・モルガンの定理を用いれば

$$\neg(P \Rightarrow Q) = \neg(\neg P \lor Q) = P \land \neg Q$$

であるから，「$P \land \neg Q$」が正しくないことを示してもよいことになる．これが背理法の原理である．

背理法とは，「$P \land \neg Q$」が正しくないことを示すために，あえて「$P \land \neg Q = \boldsymbol{T}$」と主張し，そこに矛盾が存在する（「$P \land \neg Q = \boldsymbol{F}$」）ことを指摘して，「$P \Rightarrow Q = \boldsymbol{T}$」であることを証明する方法である．

具体的にはつぎのように考える．

1. P と $\neg Q$ の両方が成り立つ（正しい）と仮定し，矛盾が導かれたとする．これは命題 P と $\neg Q$ が同時には成り立たない（真ではない）ことを意味する．

2. したがって，$P = \boldsymbol{T}$ とすると，$\neg Q = \boldsymbol{F}$，すなわち $Q = \boldsymbol{T}$ でなくてはならない．他方，$P = \boldsymbol{F}$ とすると，$\neg Q = \boldsymbol{T}$ と $\neg Q = \boldsymbol{F}$ のどちらでもよい．

3. $(P, Q) = (\boldsymbol{T}, \boldsymbol{T})$，$(\boldsymbol{F}, \boldsymbol{T})$，$(\boldsymbol{F}, \boldsymbol{F})$ の場合しかありえないが，いずれの場合も $\neg P \lor Q = \boldsymbol{T}$ となる．

4. したがって，定理 3.4 より $P \Rightarrow Q$ が成り立つ．

実際に背理法を適用する際には，命題 $P \land \neg Q$ を明示して矛盾を数学的に導き，2,3 は当たり前のこととして省略し，最後に 4 を宣言して証明を終了する．

背理法の例として，$\sqrt{2}$ が有理数でないことを証明してみよう．

例題 3.3

$\sqrt{2}$ が有理数でないことを証明せよ．

- -

証明　背理法で証明する．$\sqrt{2}$ は，$x^2 = 2$ である正の実数であることに注意すると，もとの命題は「実数 x が $x > 0$ かつ $x^2 = 2$ を満たすならば，x は有理数でない」と言い換えることができる．このことから，

　　P：「実数 x が $x > 0$ かつ $x^2 = 2$ を満たす」

　　Q：「x は有理数ではない（x は無理数である）」

とすれば，$P \Rightarrow Q$ と表現できる．したがって，背理法を適用するためには $P \land \neg Q$，すなわち，「実数 x が $x > 0$ かつ $x^2 = 2$ を満たし，かつ x は有理数である」という命題が偽であることを示せばよい．

x は有理数なので，x は既約分数 m/n（m と n はたがいに素な整数，つまり約分できない分数）で表すことができる．$x = m/n$ の両辺を 2 乗すると

$$2 = \frac{m^2}{n^2} \text{ より } m^2 = 2n^2$$

となる．よって，m^2 は偶数であるから，整数 m は偶数でなくてはならない．つまり，$m = 2k$（k は整数）となるが，上式より

$$n^2 = 2k^2$$

となる．n^2 は偶数であることから，整数 n も偶数でなければならない．よって，m/n はさらに 2 で約分できることになり，既約分数であることに矛盾する．

したがって，$\sqrt{2}$ は有理数ではないことが示された．

3.6 発展：ブール代数

命題論理式の計算を抽象化した公理系をブール代数（Boolean Algebra）という．ブール代数は，単位元 1 と零元 0 の二つの要素のみを対象とした，論理和 + と論理積・と補 ⁻ の三つの演算からなる．2 進表現の整数計算と似ているが，2 進整数では $1 + 1 = (10)_2$ となるのに対し，ブール代数では $1 + 1 = 1$ となる（後述の定理 3.5 参照）ところが異なっている．なお，本書では $0 \neq 1$ を仮定する．前述の論理演算子の結合力の強さと同じく，積・は和 + よりも結合力が強い．また，数の乗算と同様，積の演算子・は省略されることがある．

そして，これらの演算は，以下の四つのブール代数の公理を満たす．

ブール代数の公理

(1) 交換律　$a + b = b + a,\ a \cdot b = b \cdot a.$

(2) 分配律　$a \cdot (b + c) = (a \cdot b) + (a \cdot c),\ a + (b \cdot c) = (a + b) \cdot (a + c).$

(3) 零元と単位元の性質　$a + 0 = a,\ a \cdot 1 = a.$

(4) 補元の性質　$a + \overline{a} = 1,\ a \cdot \overline{a} = 0.$

また，$\overline{a}$ を a の補元（complement）という．

命題論理とブール代数において，演算や記号には表 3.1 のような対応関係がある．

表 3.1 ● 命題論理とブール代数の対応

命題論理	ブール代数
論理和 (∨)	和 (+)
論理積 (∧)	積 (·)
否定 (¬)	補 (⁻)
真 (**T**)	単位元，最大元 (1)
偽 (**F**)	零元，最小元 (0)

定理3.5　　ブール代数の諸定理 1

1.　零元の性質　$a \cdot 0 = 0$.
2.　単位元の性質　$a + 1 = 1$.
3-1.　吸収律 その 1　$a + (a \cdot b) = a$.
3-2.　吸収律 その 2　$a \cdot (a + b) = a$.
4-1.　べき等律（idempotent law）その 1　$a + a = a$.
4-2.　べき等律 その 2　$a \cdot a = a$.
5.　対合律（involution law）あるいは二重否定　$\bar{\bar{a}} = a$.

（証明）　ブール代数の公理 $(1) \sim (4)$ から導かれる.

1.

$$
\begin{aligned}
a \cdot 0 &= (a \cdot 0) + 0 & (\because (3)) \\
&= (a \cdot 0) + (a \cdot \bar{a}) & (\because (4)) \\
&= a \cdot (0 + \bar{a}) & (\because (2)) \\
&= a \cdot \bar{a} & (\because (3)) \\
&= 0 & (\because (4))
\end{aligned}
$$

2.

$$
\begin{aligned}
a + 1 &= (a + 1) \cdot 1 & (\because (3)) \\
&= (a + 1) \cdot (a + \bar{a}) & (\because (4)) \\
&= a + (1 \cdot \bar{a}) & (\because (2)) \\
&= a + \bar{a} & (\because (3)) \\
&= 1 & (\because (4))
\end{aligned}
$$

3-1.

$$
\begin{aligned}
a + (a \cdot b) & \\
&= (a \cdot 1) + (a \cdot b) & (\because (3)) \\
&= a \cdot (1 + b) & (\because (2)) \\
&= a \cdot 1 & (\because (1), 2) \\
&= a & (\because (3))
\end{aligned}
$$

3-2.

$$
\begin{aligned}
a \cdot (a + b) & \\
&= (a + 0) \cdot (a + b) & (\because (3)) \\
&= a + (0 \cdot b) & (\because (2)) \\
&= a + 0 & (\because (1), 1) \\
&= a & (\because (3))
\end{aligned}
$$

4-1.

$$
\begin{aligned}
a + a &= (a \cdot 1) + (a \cdot 1) & (\because (3)) \\
&= a \cdot (1 + 1) & (\because (2)) \\
&= a \cdot 1 & (\because 2) \\
&= a & (\because (3))
\end{aligned}
$$

4-2.

$$
\begin{aligned}
a \cdot a &= (a + 0) \cdot (a + 0) & (\because (3)) \\
&= a + (0 \cdot 0) & (\because (2)) \\
&= a + 0 & (\because 2) \\
&= a & (\because (3))
\end{aligned}
$$

5.

$$\overline{\overline{a}} = \overline{\overline{a}} \cdot 1 \qquad (\because (3))$$
$$= \overline{\overline{a}} \cdot (a + \overline{a}) \qquad (\because (4))$$
$$= (\overline{\overline{a}} \cdot a) + (\overline{\overline{a}} \cdot \overline{a}) \qquad (\because (2))$$
$$= (\overline{\overline{a}} \cdot a) + 0 \qquad (\because (4))$$
$$= 0 + (a \cdot \overline{\overline{a}}) \qquad (\because (1))$$
$$= (a \cdot \overline{a}) + (a \cdot \overline{\overline{a}}) \qquad (\because (4))$$
$$= a \cdot (\overline{a} + \overline{\overline{a}}) \qquad (\because (2))$$
$$= a \cdot 1 \qquad (\because (4))$$
$$= a \qquad (\because (3))$$

5. の別証明

$$\overline{\overline{a}} = \overline{\overline{a}} + 0 \qquad (\because (3))$$
$$= \overline{\overline{a}} + (a \cdot \overline{a}) \qquad (\because (4))$$
$$= (\overline{\overline{a}} + a) \cdot (\overline{\overline{a}} + \overline{a}) \qquad (\because (2))$$
$$= (\overline{\overline{a}} + a) \cdot 1 \qquad (\because (4))$$
$$= 1 \cdot (a + \overline{\overline{a}}) \qquad (\because (1))$$
$$= (a + \overline{a}) \cdot (a + \overline{\overline{a}}) \qquad (\because (4))$$
$$= a + (\overline{a} \cdot \overline{\overline{a}}) \qquad (\because (2))$$
$$= a + 0 \qquad (\because (4))$$
$$= a \qquad (\because (3))$$

（証明終）

補題3.1

$a + b = a + c$ かつ $a \cdot b = a \cdot c$ ならば $b = c$ である.

（証明）

$$b = b + (a \cdot b) \qquad (\because 3\text{--}1)$$
$$= b + (a \cdot c) \qquad (\because 仮定)$$
$$= (b + a) \cdot (b + c) \qquad (\because (2))$$
$$= (a + b) \cdot (b + c) \qquad (\because (1))$$
$$= (a + c) \cdot (b + c) \qquad (\because 仮定)$$
$$= (c + a) \cdot (c + b) \qquad (\because (1))$$
$$= c + (a \cdot b) \qquad (\because (2))$$
$$= c + (a \cdot c) \qquad (\because 仮定)$$
$$= c \qquad (\because 3\text{--}1)$$

（証明終）

系3.1

$a + b = 1$ かつ $a \cdot b = 0$ ならば $b = \overline{a}$ である.

（証明）　ブール代数の公理 (4) により $a + \overline{a} = 1, a \cdot \overline{a} = 0$ である.　補題 3.1 により $b = \overline{a}$ を得る.　（証明終）

定理3.6	ブール代数の諸定理２

6-1. 結合律 その 1　$(a + b) + c = a + (b + c)$.

6-2. 結合律 その 2　$(a \cdot b) \cdot c = a \cdot (b \cdot c)$.

7-1. ド・モルガンの定理 その 1　$\overline{a + b} = \overline{a} \cdot \overline{b}$.

7-2. ド・モルガンの定理 その 2　$\overline{a \cdot b} = \overline{a} + \overline{b}$.

（証明）

6-1.　$X = (a+b)+c, Y = a+(b+c)$ とおく．まず，$X \cdot a = a, X \cdot b = b, X \cdot c = c$ と $a \cdot Y = a, b \cdot Y = b, c \cdot Y = c$ を示す．

$$X \cdot a = \{(a + b) + c\}a = (a + b)a + ca = a + ca = a,$$
$$X \cdot b = \{(a + b) + c\}b = (a + b)b + cb = b + cb = b,$$
$$X \cdot c = \{(a + b) + c\}c = c,$$
$$a \cdot Y = a\{a + (b + c)\} = a,$$
$$b \cdot Y = b\{a + (b + c)\} = ba + b(b + c) = ba + b = b,$$
$$c \cdot Y = c\{a + (b + c)\} = ca + c(b + c) = ca + c = c.$$

よって，

$$XY = X\{a + (b + c)\}$$
$$= Xa + X(b + c) = a + (Xb + Xc) = a + (b + c) = Y,$$
$$XY = \{(a + b) + c\}Y$$
$$= (a + b)Y + cY = (aY + bY) + c = (a + b) + c = X.$$

したがって，$X = Y$ を得る．

6-2.　上とほぼ同様に証明される．

7-1.

$$(a + b) + \overline{a}\overline{b} = (a + b + \overline{a})(a + b + \overline{b}) = (b + 1)(a + 1) = 1 \cdot 1 = 1,$$
$$(a + b)\overline{a}\overline{b} = (a\overline{a}\overline{b}) + (b\overline{a}\overline{b}) = (0 \cdot \overline{b}) + (0 \cdot \overline{a}) = 0 + 0 = 0.$$

したがって，系 3.1 により，$\overline{a + b} = \overline{a} \cdot \overline{b}$ を得る．

7-2.　上記 7-1 により，$\overline{ab} = \overline{\overline{\overline{a}}\,\overline{\overline{b}}} = \overline{\overline{\overline{a} + \overline{b}}} = \overline{a} + \overline{b}$　（証明終）

3.7 | まとめ

　本章では，真理値をもつ命題を定義し，命題を組み合わせるための接続詞として論理和，論理積，否定，合意，同値を学んだ．これらの接続詞の間には交換律，結合律，分配律，ド・モルガンの定理が成立することも確認した．

================ 章末問題 ================

1. つぎの命題の否定を書け．
   (1) この花は赤くない．
   (2) A 君は自転車と自動車を所有している．
   (3) A 君の好物はカレーまたはカツ丼である．
   (4) 宿題が終われば，サッカー観戦に行く．

2. つぎの命題の真理値表をつくれ．
   (1) $\neg p \wedge \neg q$
   (2) $(p \wedge q) \vee r$
   (3) $(p \vee r) \wedge (q \vee r)$
   (4) $(p \equiv q) \Rightarrow (q \Rightarrow p)$
   (5) $(p \Rightarrow q) \wedge (q \Rightarrow p)$

3. x と y を実数とする．このとき，命題が真になるよう，空欄に入る文章を下記の選択肢 (a)〜(d) から選べ．
   (1) $x > 0$ かつ $y > 0$ は，$xy > 0$ であるための [　　　]．
   (2) $x + y > 0$ かつ $xy > 0$ は，$x > 0$ かつ $y > 0$ であるための [　　　]．
   (3) $xy > 0$ は，$xy \leqq 0$ であるための [　　　]．
   (4) $x + y > 0$ は，$x > 0$ かつ $y > 0$ であるための [　　　]．
   【選択肢】(a) 必要十分条件である．
   (b) 必要条件であるが，十分条件ではない．
   (c) 十分条件であるが，必要条件ではない．
   (d) 十分条件でも，必要条件でもない．

4. つぎのことがらを示せ．ただし，x, y は整数とする．
   (1) x と y がともに奇数であるとき，そのときに限り xy は奇数．
   (2) x が偶数であるとき，そのときに限り x^2 は偶数．
   (3) x が奇数であるとき，そのときに限り x^2 は奇数．
   (4) x と y のいずれか一方が奇数で，他方が偶数であるとき，そのときに限り $x + y$ は奇数．

Column   プログラムと命題論理

西暦 y 年が与えられたとき，その年がうるう年かどうかを判定するプログラムをつくりたいとする．どのような判定を行えばよいだろうか．

西暦 y 年について

y が 4 の倍数であって 100 の倍数でないか，もしくは 400 の倍数であるときに限り，西暦 y 年はうるう年である

ということが知られている．まず，これを命題論理式で表現してみよう．

命題 P，Q，R をそれぞれ「y が 4 の倍数」，「y は 100 の倍数」，「y は 400 の倍数」とする．このとき，上記の判定文を命題論理式にしてみると

$$(P \wedge \neg Q) \vee R$$

となる．これが「y 年はうるう年である」を意味する命題論理式となり，真のときには y 年はうるう年であることがわかる．この式の真理値表を表 3.2 に示す．

表 3.2 ● うるう年の真理値表

P	Q	R	$\neg Q$	$P \wedge \neg Q$	$(P \wedge \neg Q) \vee R$
F	F	F	T	F	F
F	F	T	T	F	T
F	T	F	F	F	F
F	T	T	F	F	T
T	F	F	T	T	T
T	F	T	T	T	T
T	T	F	F	F	F
T	T	T	F	F	T

実際，この真理値表に基づいて計算してみると，2003 年の場合は，$P = Q = R = \boldsymbol{F}$ であるからうるう年ではなく，2000 年は $P = Q = R = \boldsymbol{T}$，2004 年は $P = \boldsymbol{T}$，$Q = R = \boldsymbol{F}$ であるからうるう年である，ということがわかる．

この命題論理式を使ってうるう年の判定を行う C++ プログラム（左側の "行番号:" は打たないこと！）は，つぎのようになる．

```
1: #include <iostream>
2: using namespace std;
3: int main(void)
4: {
5:    int y;
6:
7:    cout << "西暦？:" ;
8:    cin >> y;
9:
10:   if(((y % 4 == 0) && (y % 100 != 0)) || (y % 400 == 0))
```

```
11:     cout << y << "年はうるう年です. " << endl;
12:   else
13:     cout << y << "年は平年です. " << endl;
14:
15:   return 0;
16: }
```

　判定を行っているのは 10 行目である．命題論理式との関係は

$$P \iff \lceil \texttt{y \% 4 == 0} \rfloor$$
$$\neg Q \iff \lceil \texttt{y \% 100 != 0} \rfloor$$
$$R \iff \lceil \texttt{y \% 400 == 0} \rfloor$$
$$\land \iff \lceil \texttt{\&\&} \rfloor$$
$$\lor \iff \lceil \texttt{||} \rfloor$$

となっている．命題論理式がそのまま C++ プログラムの判定文になっていることが
わかるだろう．命題論理に親しむと，このようなちょっと面倒な条件でも命題論理式と
して表現できるようになるのである．

　数学に限らず，たくさんのものをひとくくりにして扱うときには，扱う対象をどの範囲に限定するか，どういう性質をもつものだけを扱う対象とするか，を明確にしておく必要がある．たとえば一つの教室（学級）に所属する「人間」は，「学生」（教えられる人間）と「教師」（教える人間）に分類できる．このように対象を限定したり分類したりすることで，複数の事物をひとくくりにまとめたものを「集合」とよび，これを土台として集合論という数学の基礎理論が構築されている．そして現代数学では例外なく，この集合論を基盤とする高度な理論構築がなされていくのである．コンピュータにおいても，データの「集合」がデータ操作の基盤となっており，データベースの理論は集合論の一部であるといってよい．本章では集合論の基礎を学び，コンピュータにおけるデータのかたまりとしての集合の扱い方につなげていく．

4.1 集合とは

　みかん，りんご，いちご，キャベツ，にんじんがあるとする．この五つをつぎの 2 種類の方法で分類しよう．

- 果物と野菜に分類
- 色（赤と橙）で分類

　分類した結果を図 4.1 に示す．このような図をベン図（Venn diagram）とよぶ．
　このとき，分類されたひとかたまりを「集合」とよぶ．したがって，それぞれの分類の方法によって

- 果物と野菜に分類　→　果物の集合と野菜の集合
- 色（赤と橙）で分類　→　赤の集合，橙の集合，どちらにも属さない集合

ができる．このとき，記号としては集合の中身を中括弧 { } でくくり，集合の中の「要素」をカンマ（,）で区切って列挙して

$$果物の集合 = \{ みかん, りんご, いちご \}$$

$$野菜の集合 = \{ キャベツ, にんじん \}$$

と書く．

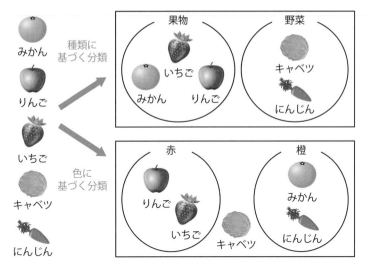

図 4.1 • 果物と野菜の分類（ベン図）

今度は五つの実数を集合に分類してみよう.

例題 4.1   数の分類

五つの実数 $\sqrt{2},\ -5/2,\ 13,\ 1/3,\ -4$ がある. これをつぎの 2 種類の方法で分類して集合を
つくれ. また, ベン図も描け.

• 正か負か → 正の数の集合と負の数の集合
• 有理数か無理数か → 有理数の集合と無理数の集合

解答   集合の記号で書くと

$$正の数の集合 = \left\{ \sqrt{2}, 13, \frac{1}{3} \right\}$$

$$負の数の集合 = \left\{ -\frac{5}{2}, -4 \right\}$$

$$有理数の集合 = \left\{ -\frac{5}{2}, 13, \frac{1}{3}, -4 \right\}$$

$$無理数の集合 = \left\{ \sqrt{2} \right\}$$

となる. また, これらの集合をベン図に描くと, 図 4.2 のようになる.

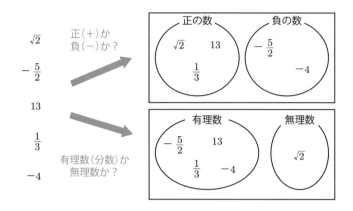

図 4.2 • 数の分類（ベン図）

このように，複数のものが存在するときに，ものがもつ特徴，すなわち属性（property）が客観的な指標に基づいて明確に決定できるならば，ものは集合に分類することができる．これをまとめて定義の形で書くと，つぎのようになる．

定義4.1　　集合

集合（set）とは，ある条件を満たすものの集まりのことである．このとき，その「ある条件を満たすもの」を要素もしくは元（element）といい，この要素は集合に属するという．

なお，集合に属するか属さないかは客観的に判断できなければならないし，二つの要素が同一か異なるかもはっきり区別できなければならない．また，集合の中に同じ要素が 2 個以上存在することはない†．

定義4.2　　集合要素の表現

a が集合 A の要素であることを

$$a \in A \quad または \quad A \ni a$$

と書く．a が集合 A の要素でないことを

---

† たとえば，さいふに入っている紙幣の集合を考える場合に，紙幣の種類だけを問題にするのか，それとも種類とそれぞれの枚数を問題にするかの 2 通りがある．前者は通常の集合であるが，後者のように要素の重複を許す集合を多重集合（multiset）という．これに関しては本書では扱わない．

$$a \notin A \quad \text{または} \quad A \not\ni a$$

と書く.

前の例の場合，たとえばりんごとキャベツは

$$\text{りんご} \in \text{果物の集合}$$

$$\text{りんご} \in \text{赤の集合}$$

$$\text{キャベツ} \in \text{野菜の集合}$$

$$\text{キャベツ} \notin \text{赤の集合}$$

と表現できる.

問題 4.1 前の例題 4.1 の場合について，つぎの＿に $\in$ か $\notin$ を入れてみよ.

$$\sqrt{2} \underline{\qquad} \text{正の数の集合}$$

$$-4 \underline{\qquad} \text{無理数の集合}$$

$$\frac{1}{3} \underline{\qquad} \text{負の数の集合}$$

$$-\frac{5}{2} \underline{\qquad} \text{有理数の集合}$$

4.2 数の集合，空集合，有限集合と無限集合

一言で「数」といっても，普通使われるものには自然数，整数，有理数，実数，複素数の 5 種類があるということは第 1 章で述べた．ここでは，そのように分類された数を集合としてもう一度定義しなおしてみよう.

まず，1, 2, 3, … を自然数といった．そして，すべての自然数の集合を $\mathbb{N}$ と書くことにする．すなわち

$$\mathbb{N} = \{1, 2, 3, ..., n, ...\}$$

ということになる.

…, −3, −2, −1, 0, 1, 2, 3, … は整数とよび，これからはすべての整数の集合を $\mathbb{Z}$ と書くことにする．すなわち

$$\mathbb{Z} = \{..., -3, -2, -1, 0, 1, 2, 3, ...\}$$

である.

　整数 m と 0 でない整数 n を使って m/n と表される数は, 有理数とよんだが, これからはすべての有理数の集合を $\mathbb{Q}$ と書くことにする.

　数直線上に乗っている数は実数とよんだが, これからはすべての実数の集合を $\mathbb{R}$ と書くことにする.

　実数 x と y を使って, $x + y\mathrm{i}$ と表される数を複素数とよんだが, これからはこのすべての複素数の集合を $\mathbb{C}$ と書くことにする. ただし, $\mathrm{i}^2 = -1$ である.

　以上をまとめると, 数の集合はそれぞれつぎのように表される.

- 自然数全体の集合を $\mathbb{N}$ と表す.
- 整数全体の集合を $\mathbb{Z}$ と表す.
- 有理数全体の集合を $\mathbb{Q}$ と表す.
- 実数全体の集合を $\mathbb{R}$ と表す.
- 複素数全体の集合を $\mathbb{C}$ と表す.

　したがって, たとえば, $1 \in \mathbb{N}$, $0.3 \notin \mathbb{Z}$, $-1.4 \in \mathbb{Q}$, $2\mathrm{i} \notin \mathbb{R}$, $4 + \mathrm{i} \in \mathbb{C}$ である.

問題 4.2　つぎの＿に $\in$ か $\notin$ を入れてみよ.

$$3 \underline{\quad\quad} \mathbb{R}$$

$$-5 \underline{\quad\quad} \mathbb{N}$$

$$\pi \underline{\quad\quad} \mathbb{Q}$$

$$\frac{2}{3} + \left(\frac{1}{2} - \frac{1}{6} \right) \underline{\quad\quad} \mathbb{Z}$$

定義 4.3　空集合

　要素を一つももたない集合を空集合 (empty set) といい, $\emptyset$ と書く.

空集合も集合の一種である.「要素をもたない」ということが客観的に示されるからである. たとえば

- ± 1 を除く 3 と 7 の公約数の集合
- 直線 $x = 3$ と y 軸との交点の集合
- 火星に存在する人間の集合

はいずれも空集合である. 空集合は中身がない箱のようなものであり, それ自体は存

在することを認識してほしい.

ちなみに,どんな集合の要素 x をもってきても

$$x \notin \emptyset$$

である.

定義4.4　　**有限集合,有限集合の要素数,無限集合**

要素の数が有限である集合を有限集合(finite set)といい,無限である集合を無限集合(infinite set)という.集合 A が有限集合であるとき,その要素数を $|A|$ と表し,A の基数(cardinal number, cardinality)という.

なお,基数の概念は無限集合にも拡張できるが,本書では有限集合の場合のみ基数を扱うことにする.

たとえば,$\mathbb{N}, \mathbb{Z}, \mathbb{Q}, \mathbb{R}, \mathbb{C}$ はいずれも無限集合である.また,有限集合 A が

$$A = \{-3, -5, 6, 7\}$$

であるとき,

$$|A| = 4$$

となる.また,空集合 $\emptyset$ の基数は

$$|\emptyset| = 0$$

となる.

問題4.3　　つぎの 1~3 の有限集合の基数をそれぞれ答えよ.
1. $\{1, 2, 3, 4\}$
2. $\{3, 4, 5, \ldots, 11, 12\}$
3. $\{1, 4, 7, \ldots, 97, 100\}$

4.3 │ 集合の内包的記法と外延的記法

ここでは,集合の書き方(記法)をみていくことにする.

たとえば,集合 A を 10 以上 20 以下の偶数の集合とする.いままでみてきたように,集合 A の要素をすべて書き並べる

$$A = \{10, 12, 14, 16, 18, 20\}$$

という書き方を外延的記法という.

　もう一つ, A の要素 $a \in A$ が満たす条件を書く内包的記法というやり方がある. この場合は, たとえば

$$A = \{\, a \mid a\ \text{は偶数},\ 10 \leqq a \leqq 20 \}$$

$$A = \{\, a \mid a = 2n,\ 5 \leqq n \leqq 10,\ n \in \mathbb{Z} \}$$

と書くことができる. ここで, a を代表元とよび, $\mid$ の後ろに代表元が満足すべき条件を書く.

　ちなみに, 代表元はどのような文字を用いてもよく, たとえば

$$A = \{\, a \mid 10 \leqq a \leqq 20,\ a \in \mathbb{Z} \}$$

$$A = \{\, x \mid 10 \leqq x \leqq 20,\ x \in \mathbb{Z} \}$$

$$A = \{\, \gamma \mid 10 \leqq \gamma \leqq 20,\ \gamma \in \mathbb{Z} \}$$

は, すべて同じ集合 $A = \{10, 11, ..., 20\}$ を意味する.

定義4.5　　外延的記法と内包的記法

　外延的記法 (denotation) …要素 $x_1, x_2, \ldots, x_n$ からなる集合を

$$\{x_1, x_2, \ldots, x_n\}$$

と表す.

　内包的記法 (connotation) …「$\cdots x \cdots$」を, x がそれを満たすか満たさないかが明確に定まっているような命題とするとき, 命題「$\cdots x \cdots$」が真になるような代表元 x の全体からなる集合を

$$\{\, x \mid \cdots x \cdots \}$$

と表す.

　この集合の記法に関して, 注意しなければならないことを以下に挙げる.

1. 外延的記法では, 要素の重複や書く順序に依存しない. 以下のいずれも同じ集合を表す.

$$\{1, 2, 3\} = \{1, 3, 2\} = \{1, 1, 2, 3, 3\}$$

2. 外延的記法では，要素をカンマ（,）で区切って，それらを中括弧で囲まなくてはならない．

（誤）1，2，3　　　（誤）{123}　　　（正）{1, 2, 3}　　　（誤）(1, 2, 3)

3. 内包的記法では，代表元が満たすべき条件をカンマ（,）で区切って列挙した場合は「かつ」を意味する．たとえば

$$\{\, a \mid a = 2k, 10 \leqq a \leqq 20, k \in \mathbb{N}\}$$

と書いたら，「a は 2 の倍数（偶数）であり，かつ，10 以上 20 以下である」という意味になる．

問題 4.4　つぎの 1 と 2 の集合を外延的記法で，3〜5 の集合を内包的記法でそれぞれ書け．

1. $\{\, x \mid x^2 \leqq 10, x \in \mathbb{Z}\}$
2. $\{\, x \mid x^2 - 4x + 3 = 0, x \in \mathbb{R}\}$
3. $\{1, 2, 3, 4, 5\}$
4. $\{1, 3, 5, 7, 9\}$
5. $\{1, 11, 101, 1001, 10001, \ldots\}$

注意：内包的記法における命題「$\cdots x \cdots$」を述語（第 7 章参照）とよぶが，どんな命題でもよいわけではなく，一定の制約が必要である．以下の例をみてみよう．

$$A = \{\, x \mid x \notin A\} \tag{4.1}$$

このような集合の定義式 (4.1) はパラドックスを引き起こす．

たとえば，a が A の要素であるとしよう．すると，A の定義により $a \notin A$ でなくてはならない．これは矛盾している．他方，$a \notin A$ とすると，A の定義により，$a \in A$ でなくてはならない．これも矛盾である．

現在の数学（集合論）では，このようなものは集合として認めないこととなっている．

4.4 集合の包含関係

そもそも集合という考え方を数学理論の基盤として導入した理由は，たくさんのものを「かたまり＝集合」として扱うためである．そこで，せっかく集合というかたまりを導入したのだから，かたまりはかたまりどうしで「集合 A は集合 B に含まれる」「集合 A は集合 B と同じである」というように，数でいうところの大小関係（>, <）

や等号（=）にあたるものがあると便利である．本節では，このような集合どうしの
関係性（包含関係）を表現する記号を導入する．

　まず，ある集合が別の集合に含まれている，という状況を考えてみよう．たとえば，
集合 A を -5 以上 5 以下の整数の集合とする．このとき，当然 A は整数全体の集合
$\mathbb{Z}$ に含まれていることになる．これを

$$A \subset \mathbb{Z}$$

と書き，「A は $\mathbb{Z}$ の部分集合である」とよぶ．これをもっと厳密に述べると，つぎの
ようになる．

定義4.6　　**部分集合**

　集合 A と B について，$x \in A$ ならば $x \in B$ が成り立つとき，A は B に含ま
れる，または A は B の部分集合（subset）であるといい，

$$A \subset B$$

または

$$B \supset A$$

と書く．

　例として，1 以上 50 以下の整数だけを考えよう．このとき，集合 A, B を

$$A = \{\, a \mid a \text{ は } 4 \text{ の倍数}, 1 \leqq a \leqq 50 \}$$

$$B = \{\, b \mid b \text{ は偶数}, 1 \leqq b \leqq 50 \}$$

とおくと，$x \in A$ であれば必ず $x \in B$ となるので

$$A \subset B$$

である．

　どのような集合 A についても，$x \in A$ ならば $x \in A$ であるから，$A \subset A$ が成り立
つことに注意する．

問題 4.5　　集合 X, Y, Z がつぎの 1〜3 で定義されるときに，どのような包含関係が成
立するかをすべて答えよ．たとえば，X, Y, Z をそれぞれ乗り物，トラック，自動車の全体
の集合とするときは

$$X \subset X, \qquad Y \subset Y, \qquad Z \subset Z, \qquad Y \subset Z, \qquad Z \subset X, \qquad Y \subset X$$

のように解答する.

1. X, Y, Z をそれぞれ人間, 生物, 動物全体からなる集合とする.

2. X, Y, Z をそれぞれ魚, 生物, くじら全体からなる集合とする.

3. X, Y, Z をそれぞれ柴犬, 犬, 猫全体からなる集合とする.

集合の定義でも述べたように, 集合 A, B が同じものであるかどうかは, 要素の並び方とは関係がない. たとえば, $A = \{1, 2, 3\}, B = \{3, 1, 2\}$ は明らかに同じ集合である. しかし, A や B から適当に要素 $a \in A, b \in B$ を一つずつ取り出しても, $a = b$ となるとは限らない. そのため, A と B が等しいことを示すのに適切な方法とはいえない. 一方, 集合として $A = B$ であるときには, 当然, $a \in B$ かつ $b \in A$ が成立するので, $A \subset B$ かつ $B \subset A$ であることがわかる. このことを利用して, 集合の等号を定義する.

定義4.7　　集合の等号

A, B は集合とする. $x \in A$ ならば $x \in B$, および $x \in B$ ならば $x \in A$ がともに成り立つとき, 集合 A と B は等しい (equal) といい, $A = B$ と書く.

たとえば, つぎのような実数の部分集合 $A, B \subset \mathbb{R}$ を考える.

$$A = \{\, z \mid z = 2(x + 1),\ x \in \mathbb{R}\}, \qquad B = \{\, \alpha \mid \alpha = 2\beta + 2,\ \beta \in \mathbb{R}\}$$

この場合は $A = B$ となる.

問題 4.6　　つぎの 1〜5 の等式は成り立つか. 成り立たない場合は, 等式が成り立つように右辺を書きなおせ.

1. $\{1, 2\} = \{2, 1\}$
2. $\{1, 2, 2\} = \{1, 2\}$
3. $\{1, 2\} = \{1, 2, 3\}$
4. $\{\, x \mid x^2 = -1, x \in \mathbb{R}\} = \emptyset$
5. $\{\, x \mid x^2 + x - 6 = 0, x \in \mathbb{R}\} = \{2\}$

数の大小関係を表現するとき, 「小さい, もしくは, 等しい」という関係 $\leqq$ と, 「小さい」という関係 $<$ とでは, 明確に異なる. たとえば, $-33 \leqq -33$ という式は正しい (= 真) が, $-33 < -33$ と書くと, これは間違い (= 偽) である. 一方, 集合にお

いては，部分集合の記号 ⊂ が $A = B$ の場合も含むので，≦ と同じ意味をもつ．そこ
で，等号を含まない純粋な < と同じ意味をもつ，「純粋な部分集合」を表現する記号
を導入しておこう．

たとえば，$A = \{1, 2, 3\}$，$B = \{2, 3\}$，$C = \{2, 3, 1\}$ とするとき，B も C も A の
部分集合であるから

$$B \subset A, \qquad C \subset A$$

と表現できるが，B には A にある 1 が含まれないので，確実に $B \neq A$ である．この
ような B を A の真部分集合とよぶ．

定義4.8　　真部分集合

A, B は集合とする．$A \subset B$ かつ $A \neq B$ が成り立つとき，A は B の真部分
集合（proper subset）であるといい，$A \subsetneqq B$ と書く．

別の形で言い換えると，集合 B, A に対して，$B \subset A$ であり，かつ $c \notin B$ である
$c \in A$ が一つでも存在すれば，$B \subsetneqq A$ である．たとえば

$$A = \{\, a \mid 10 \leq a \leq 20,\ a \in \mathbb{Z} \}$$

$$B = \{\, b \mid 10 \leq b \leq 20,\ b \in \mathbb{Q} \}$$

と定義すると，

$$A \subsetneqq B$$

である．なぜなら，たとえば

$$\frac{31}{3} \in B \ \text{かつ} \ \frac{31}{3} \notin A$$

という要素 31/3 があるからである．

問題 4.7　上記の例について，$A \subsetneqq B$ である証拠となる要素 $c \in B, c \notin A$ を三つ以上挙
げよ．

4.5 ｜ 集合の演算

データのかたまりとしての集合は，前述したように，かたまりをかたまりのまま処
理できるところに一番の存在価値がある．4.4 節では集合の大小関係，等号を定義し

たが，ここでは異なる集合をくっつけたり（和集合），重複を確定したり（積集合），逆に重複部分を除去したり（差集合）することを考える．そうすることで，かたまりどうしをくっつけたりひきはがしたりといった，集合に対する操作，すなわち，数における演算のようなことができるようになる．

そのためにも，まず，「考える要素の最大の範囲はここまで！」という大枠をきちんと確定しておくことが必要である．この大枠を全体集合とよび，状況に応じて便利なようにいろいろな全体集合を設定する．

定義4.9　　全体集合

整数全体の集合など，考えるべき対象全体を表す集合を全体集合（universal set）という．

本書では特に指定しない限り，全体集合として U という記号を用いる．そして，「全体集合を U とする」と宣言した後に定義されるすべての集合は，その部分集合と考える．

例題4.2

全体集合 U を 10 以上 20 以下の自然数の集合とする．A を 2 の倍数の集合，B を 3 の倍数の集合とするとき，U, A, B を外延的記法でそれぞれ書け．

解答
$$U = \{10, 11, 12, 13, 14, 15, 16, 17, 18, 19, 20\}$$
$$A = \{10, 12, 14, 16, 18, 20\} \subset U$$
$$B = \{12, 15, 18\} \subset U$$

問題4.8　　つぎの問いに答えよ．

1. 全体集合 U を 20 以上 30 未満の整数の集合とするとき，A を 4 の倍数の集合，B を 5 の倍数の集合とする．U, A, B を外延的記法でそれぞれ書け．
2. 全体集合 U を $U = \mathbb{Q}$ とする．$A = \{\, a \mid a \notin \mathbb{Z} \,\}, B = \{\, b \mid 10 < b < 20, b \in \mathbb{Z} \,\}$ とするとき，A, B の要素をそれぞれ 3 個以上挙げよ．

全体集合 U が与えられているとき，空でない集合 A が確定すると，A の外側，すなわち $b \in U$ だが $b \notin A$ という部分が確定する．これを A の補集合とよぶ．

定義4.10   補集合

$\{ x \mid x \notin A,\ x \in U \}$ を A の補集合（complement）といい，A^c と書く．

例題4.3

全体集合 U として -5 以上 5 以下の整数の集合を考える．$A = \{1, 2, 3, 4\}$ とするとき，A^c を外延的記法で書け．

- -

解答
$$A^c = \{-5, -4, -3, -2, -1, 0, 5\}$$
である．

なお，当たり前だが，補集合の補集合をとると元の集合に戻る．すなわち

$$(A^c)^c = A$$

である．

問題 4.9   全体集合 U，集合 A, B をつぎのように定義する．

$$U = \{ u \mid 10 \leqq u \leqq 20,\ u \in \mathbb{Z} \}$$
$$A = \{ a \mid a\text{ は }3\text{ の倍数} \}$$
$$B = \{ b \mid b\text{ は }6\text{ の倍数} \}$$

このとき，A^c, B^c を外延的記法でそれぞれ書け．

つぎに，全体集合 U の中で，集合 A, B を合わせてできる和集合，共通部分のみを取り出してできる積集合をみていくことにしよう．たとえば，$A = \{1, 2, 3\}$，$B = \{2, 4\}$ とすると，和集合は $\{1, 2, 3, 4\}$ となり，積集合は $\{2\}$ となる．これを数学的な定義として書くと，つぎのようになる．

定義4.11   和集合と積集合

(1) $\{ x \mid x \in A\text{ または }x \in B \}$ を A と B の和集合（union, join）といい，$A \cup B$ と書く．

(2) $\{ x \mid x \in A\text{ かつ }x \in B \}$ を A と B の積集合（intersection, meet）といい，$A \cap B$ と書く．

集合 A, B の和集合 $A \cup B$ は，集合の定義により共通部分の要素は一つにまとめてカウントする．たとえば，$A = \{-2, -1, 0, 1, 2\}$, $B = \{1, 2, 3, 4, 5\}$ とすると

$$A \cup B = \{-2, -1, 0, 1, 2, 3, 4, 5\}$$

となる．積集合 $A \cap B$ は

$$A \cap B = \{1, 2\}$$

となる．

問題 4.10　つぎの問いに答えよ．

1. 全体集合 U を 5 以上 10 以下の整数とする．A を 3 の倍数の集合，B を 10 の約数の集合とするとき，$A \cap B$, $A \cup B$ をそれぞれ外延的記法で書け．

2. 全体集合 U を三角形全体の集合とし，A を二等辺三角形の集合，B を直角三角形の集合とする．このとき，$A \cap B$, $A \cup B$ に含まれる三角形をそれぞれ一つずつ図として描け．

共通部分のある二つの集合 A と B があるとする．これをいままで定義してきた記号を使って表すと，$A \cap B \neq \emptyset$ であるような集合 A, B があるとする，となる．このとき，A から $A \cap B$ を抜いた部分だけを考えたいとする．このような，A から B との共通部分を抜いた集合を差集合とよぶ．たとえば，3 の倍数の集合から偶数の集合を抜いた差集合は，奇数のみの 3 の倍数の集合になる．また，$\mathbb{R}$ から $\mathbb{Q}$ を抜いた差集合が無理数の集合ということになる．

定義 4.12　**差集合**

$\{x \mid x \in A$ かつ $x \notin B\}$ を A から B を引いた差集合 (difference set) といい，$A - B$ と書く．

上の説明より，無理数の集合は差集合 $\mathbb{R} - \mathbb{Q}$ として表現できる．つまり，$\sqrt{2}, \pi, -\sqrt{6}$ は

$$\sqrt{2}, \pi, -\sqrt{6} \in \mathbb{R} - \mathbb{Q}$$

である．

数どうしの差と同様，$A - B$ と $B - A$ は同じ集合にならないのが普通である．たとえば，$A = \{1, 2, 3, 4\}$, $B = \{-1, 0, 1, 2\}$ のとき，$A - B$ と $B - A$ はそれぞれ

$$A - B = \{3, 4\}$$

$$B - A = \{-1, 0\}$$

となる.

問題 4.11　全体集合 U を四角形全体の集合とし，A を長方形の集合，B をひし形の集合とする．このとき，以下の図形のうち，A に属するものはどれか，$A - B$ に属するものはどれか，$B - A$ に属するものはどれか，いずれにも属さないものはどれか．記号で答えよ．

(a)　　　　　　　(b)　　　　　　　(c)　　　　　　　(d)

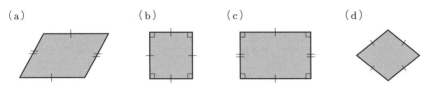

いままでみてきた和集合，積集合，補集合，差集合をベン図にすると，図 4.3 のようになる．

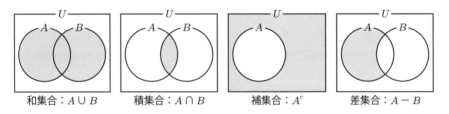

和集合：$A \cup B$　　積集合：$A \cap B$　　補集合：A^c　　差集合：$A - B$

図 4.3 • 集合演算を表すベン図

例題 4.4

U を全体集合とする．U の部分集合 A，B および C について，以下の等式が成り立つことを示せ．

(1) $A \cup B = B \cup A$, $A \cap B = B \cap A$.

(2) $A \cap (B \cup C) = (A \cap B) \cup (A \cap C)$, $A \cup (B \cap C) = (A \cup B) \cap (A \cup C)$.

(3) $A \cup \emptyset = A$, $A \cap U = A$.

(4) $A \cup A^c = U$, $A \cap A^c = \emptyset$.

証明　(1) の証明

$x \in A \cup B$	$x \in A \cap B$
$\Leftrightarrow$ $x \in A$ または $x \in B$	$\Leftrightarrow$ $x \in A$ かつ $x \in B$
$\Leftrightarrow$ $x \in B$ または $x \in A$	$\Leftrightarrow$ $x \in B$ かつ $x \in A$
$\Leftrightarrow$ $x \in B \cup A$	$\Leftrightarrow$ $x \in B \cap A$

(2) の証明

$$x \in A \cap (B \cup C)$$
$\Leftrightarrow$ $x \in A$ かつ $(x \in B$ または $x \in C)$
$\Leftrightarrow$ $(x \in A$ かつ $x \in B)$ または $(x \in A$ かつ $x \in B)$
$\Leftrightarrow$ $x \in (A \cap B) \cup (A \cap C)$

$$x \in A \cup (B \cap C)$$
$\Leftrightarrow$ $x \in A$ または $(x \in B$ かつ $x \in C)$
$\Leftrightarrow$ $(x \in A$ または $x \in B)$ かつ $(x \in A$ または $x \in B)$
$\Leftrightarrow$ $x \in (A \cup B) \cap (A \cup C)$

(3) の証明

$x \in A \cup \emptyset$
$\Leftrightarrow$ $x \in A$ または $x \in \emptyset$
$\Leftrightarrow$ $x \in A$ $(\because x \notin \emptyset)$
$\Leftrightarrow$ $x \in A$

$x \in A \cap U$
$\Leftrightarrow$ $x \in A$ かつ $x \in U$
$\Leftrightarrow$ $x \in A$

(4) の証明

$x \in A \cup A^c$
$\Leftrightarrow$ $x \in A$ または $x \notin A$
$\Leftrightarrow$ $x \in U$

$x \in A \cap A^c$
$\Leftrightarrow$ $x \in A$ かつ $x \notin A$
$\Leftrightarrow$ $x \in \emptyset$

（証明終）

4.6 ド・モルガンの定理（集合バージョン）

　以上の集合の記号の定義を総合すると，集合に関するさまざまな定理が証明できるようになる．ここでは，そのうち代表的なものであるド・モルガンの定理（集合バージョン）を紹介する．

　集合演算におけるド・モルガンの定理の意味を，具体的な例でみていくことにしよう．

　全体集合 U を 1 以上 10 以下の整数の集合とする．A を偶数の集合，B を 3 の倍数の集合とすると，$A \cap B$ は 6（＝2 と 3 の公倍数）の倍数の集合となる．したがって，$(A \cap B)^c$ は 6 の倍数ではない整数の集合となる．

　ここでもう一度，集合の意味を再確認してほしい．

　6 の倍数でない整数の集合，とは，偶数でない（＝奇数）整数であるか，または，3 の倍数でない整数の集合である．これを集合の記号で記述すると，$A^c \cup B^c$ であればよいということになる．

ということは

$$(A \cap B)^c = A^c \cup B^c$$

が成り立つ.

同様にして，$(A \cup B)^c$ は，言葉でいうと「偶数か 3 の倍数である整数以外の整数」である．したがって，3 の倍数でない奇数，ということになるので，これを集合の記号で表現すると $A^c \cap B^c$ であるから，

$$(A \cup B)^c = A^c \cap B^c$$

である.

この二つの等式が，集合におけるド・モルガンの定理である．以上をまとめると下記のようになる.

定理4.1　　**ド・モルガンの定理（集合バージョン）**

全体集合を U とし，集合 A, B があるとき，つぎの等式が成立する.

$$(A \cap B)^c = A^c \cup B^c$$
$$(A \cup B)^c = A^c \cap B^c \tag{4.2}$$

ド・モルガンの定理は，普通の数の演算と同じように，括弧を外すという操作をしているとみることもできる．これを使うと，たとえば

$$(A \cap (B \cup C)^c)^c = (A \cap (B^c \cap C^c))^c$$
$$= A^c \cup (B^c \cap C^c)^c$$
$$= A^c \cup (B \cup C)$$

のような機械的な変形ができるようになる.

問題 4.12　　全体集合 U を 1 以上 10 以下の整数の集合，A を 3 の倍数の集合，B を 6 の約数の集合とする．ド・モルガンの定理を用いて，つぎの集合を外延的記法で書け.

1. $(B \cap A^c)^c$
2. $((A^c \cup B)^c \cup B)^c$

4.7 | 発展：集合代数

以上で述べてきた集合の定義および集合演算をまとめると，集合どうしの演算体系というものがみえてくる．本章の最後で，それをまとめて述べておくことにする．集合の演算は，ブール代数を構成する記号を

$$+ \to \cup, \quad \cdot \to \cap, \quad \overline{} \to {}^c, \quad 1 \to U, \quad 0 \to \emptyset$$

と読み替えることで，数の演算を表す式とほぼ同等のものとみることができる．

この集合と集合演算から構成される公理系 $(2^U, \cup, \cap, {}^c, U, \emptyset)$ は，ブール代数で成立する公理や定理をすべて満たす．ただし，2^U は U のすべての部分集合を要素とするべき集合である．たとえば，$U = \{a, b, c\}$ とすると $2^U = \{\emptyset, \{a\}, \{b\}, \{c\}, \{a, b\}, \{b, c\}, \{a, b, c\}, U\}$ となる．$\cup$ は集合演算の和，$\cap$ は集合演算の積，^{c} は集合演算の補である．最大元が U，最小元が $\emptyset$ （空集合）である．したがって，この代数系は，集合代数とよばれるブール代数をなす．この集合代数の性質を以下にまとめる．

定理4.2　　集合代数の性質

U を全体集合とし，$\emptyset$ を空集合とする．U の部分集合 A，B と C について，以下の等式が成り立つ．

(1) 交換律　$A \cup B = B \cup A, \ A \cap B = B \cap A.$

(2) 分配律　$A \cup (B \cap C) = (A \cup B) \cap (A \cup C), \ A \cap (B \cup C) = (A \cap B) \cup (A \cap C).$

(3) 同一律 その1 (identity law I)　$A \cup \emptyset = A, \ A \cap U = A.$

(4) 補元律 (complement law)　$A \cup A^c = U, \ A \cap A^c = \emptyset.$

(5) 同一律 その2 (identity law II)　$A \cap \emptyset = \emptyset, \ A \cup U = U.$

(6) 吸収律　$A \cup (A \cap B) = A, \ A \cap (A \cup B) = A.$

(7) べき等律　$A \cup A = A, \ A \cap A = A.$

(8) 対合律　$(A^c)^c = A.$

(9) 結合律　$A \cup (B \cup C) = (A \cup B) \cup C, \ A \cap (B \cap C) = (A \cap B) \cap C.$

(10) ド・モルガンの定理　$(A \cup B)^c = A^c \cap B^c, \ (A \cap B)^c = A^c \cup B^c.$

例題 4.5

以下を証明せよ.

(1) $A \subset B$ ならば $A \cup B = B$.

(2) $A \cup B = B$ ならば $A \subset B$.

証明 (1) $x \in A \cup B$ とする. $x \notin B$ とすると $x \in A$ でなくてはならない. しかし, $A \subset B$ であるから $x \in B$ である. これは矛盾である. よって, $x \in B$, すなわち $A \cup B \subset B$ ⋯ (a) がいえる.

逆に, $x \in B$ とすると, $A \subset B$ より $x \in A$ または $x \in B$ であるから, $x \in A \cup B$, すなわち $B \subset A \cup B$ ⋯ (b) がいえる.

(a) と (b) により, $A \cup B = B$ を得る.

(2) $x \in A$ とする. $x \in A$ または $x \in B$ であるから, $x \in A \cup B = B$ である. したがって, $x \in B$. ゆえに, $A \subset B$ を得る. (証明終)

例題 4.6

以下を証明せよ.

(1) $A \cup B = B$ ならば $A \cap B = A$.

(2) $A \cap B = A$ ならば $A \cup B = B$.

証明 (1) 仮定と定理 4.2 の (6) 吸収律により, $A \cap B = A \cap (A \cup B) = A$.

(2) 仮定と定理 4.2 の (1) 交換律と (6) 吸収律により, $A \cup B = (A \cap B) \cup B = B \cup (B \cap A) = B$. (証明終)

例題 4.5 と 4.6 により, 以下の定理が成り立つ.

定理 4.3　　集合の包含関係との同値条件

A と B を集合とするとき,

$$A \subset B \iff A \cup B = B \iff A \cap B = A$$

4.8 | まとめ

本章では, ものの集まりを数学的に厳密に定義した「集合」と, その扱い方を示した. 集合においては包含関係による部分集合という考え方があり, 全体集合を最初に

定義しておくと，以降で定義される集合はその部分集合になることも学んだ．集合どうしの演算として，和集合，積集合，補集合，差集合というものがあり，その定義についても示した．

===== 章末問題 =====

1. $U = \{1, 2, 3, 4, 5, 6, 7, 8, 9\}$ を全体集合とし，$\emptyset$ を空集合とする．U の部分集合 A, B を $A = \{2, 4, 6, 8\}$，$B = \{3, 6, 9\}$ とする．このとき，つぎの集合を外延的記法で書け．

(1) $A \cup B$ 　　　(2) $A \cap B$ 　　　(3) A^c 　　　(4) $A^c \cap B$

(5) $A - B$ 　　　(6) $(A - B) \cap (B - A)$ 　　　(7) $A^c \cup B^c$ 　　　(8) $(A \cup B)^c$

(9) $(A - B) \cup (B - A)$ 　　　(10) $\emptyset^c$

2. $A = \{\, a \mid |a| \leqq 5, a \in \mathbb{Z} \,\}$ を外延的記法で書け．

3. 右図の五つの各領域は $\mathbb{N}, \mathbb{Z}, \mathbb{Q}, \mathbb{R}, \mathbb{C}$ のどれを表しているか，[　] 中に記号で答えよ．また，無理数全体の集合はどの部分であるか，該当部分を斜線で示せ．

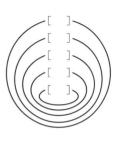

4. $\mathbb{Q}$ は $\mathbb{R}$ の真部分集合であることを示せ．

5. $U = \{\, n \mid 1 \leqq n \leqq 20, n \in \mathbb{N} \,\}$ のつぎの部分集合 A, B, C を，それぞれ外延的記法で書け．

$$A = \{\, a \mid a \text{ は 3 の倍数} \,\}$$
$$B = \{\, b \mid b \text{ は 4 の倍数} \,\}$$
$$C = \{\, c \mid c \text{ は 18 の約数} \,\}$$

6. 全体集合 U を 1 から 20 までの自然数の集合，集合 A を 2 の倍数，集合 B を 3 の倍数の集合とする．このとき，A, B についてド・モルガンの定理が成立することを確認せよ．

7. つぎの集合をベン図中に斜線で示せ．

(1) $A \cap B^c$ 　　　(2) $(A - B) \cup (B - A)$

(1)
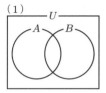

(2)
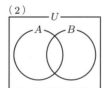

Column　　フォルダは集合だ！

　コンピュータ内部におけるデータが例外なくすべて2進数として表現されていることは，第1章で述べた．この2進数データを，たとえば一連の文章や表計算データ，画像としてひとかたまりにして保存したものをファイルとよぶ．そして，このファイルをまとめて入れておくための容器に相当するものをフォルダとよぶ．言い換えると，フォルダはファイルをまとめて分類しておくための集合と考えることができる．

　たとえば，図4.4(a)のように，"ph_food_bure.png"という画像ファイルが配置さ

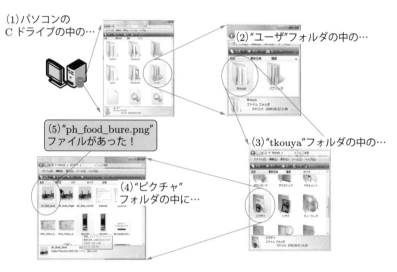

（a）フォルダの例

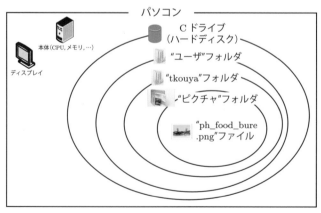

（b）フォルダを集合として表現したもの

図 4.4 • フォルダと集合

れていたとしよう. これを絶対パス表記すると

$$c:¥ ユーザ ¥tkouya¥ ピクチャ ¥ph\_food\_bure.png$$

となる. ¥ で区切られた文字列「ユーザ」「tkouya」「ピクチャ」がフォルダ名を意味している.

フォルダにはファイルだけでなく, この例でわかるとおりフォルダも格納することができる. これは, 集合が集合を要素として取り込むことができるのとよく似ている. この場合に, 各フォルダを集合と見立てると

$$ph\_food\_bure.png \in ``ピクチャ'' フォルダ \subset ``tkouya'' フォルダ$$
$$\subset ``ユーザ'' フォルダ$$
$$\subset C ドライブ$$

となる. これをベン図で表現すると, 図 4.4(b) のようになる.

フォルダとファイルの関係のみならず, ほかにも身の回りにあるさまざまなものを客観的な指標で分類してみると, それはすべて集合としてみることができることがわかる. 現代数学において「集合」を基盤にして理論を組み立てる理由も,

• 曖昧さを排除してバラバラの要素をひとまとまりにすることができる
• 集合どうしの包含関係, 等式, 演算が一つの理論体系（代数系）となっている

という有用性があるためである.

写 像

　「物を数える」ということは誰にでもできる．これを，いままで学んできた数学の知識を使ってもう一度考えなおしてみよう．たとえば「りんごが 15 個ある」という場合を考える．普通はりんご一つひとつを指で指しながら「1, 2, 3, ...」と「数える」．そして，最後のりんごを指したときに「15」と「数え」て終わる．この「数える」という操作は，自然数を 1 から順に一つ取り出し，りんごの集合からりんごを一つ取り出し，自然数からりんごへの「対応づけ」をする，ということである．このように，二つの集合から要素を取り出して対応づけさせる操作のうち，ある条件を満足するものを「写像」とよび，特に数の集合の対応関係を表現した写像を「関数」とよぶ．この「数える」という操作も写像（関数）の一種である．本章ではまず，中学校・高校で学んできた「関数」とはどのようなものだったかを復習する．そして，関数がもつ対応づけの性質を抜き出して，より広く一般の集合どうしの対応関係を規定した写像という概念を考えていくことにする．

5.1 関数 ⊂ 写像

　写像は，関数をもっと広く扱うために関数の考え方をきちんと定義しなおしたもの，と考えてよい．そこで，まず最初に高校まで扱ってきた関数がどういう機能をもち，どういう記号で表現されてきたかを，具体例に基づいて復習してみよう．

　関数（function）とは，ある範囲の実数 x が与えられると，この x をある規則に従って加工（計算）し，その結果何らかの値が得られる，というものである．この加工方法を f と書き，得られた値を y と書くことにすると，数学の式としては

$$y = f(x) \tag{5.1}$$

のように関数を表現する．x を入力値（input），あるいは独立変数（independent variable）とよび，y を出力値（output），あるいは従属変数（dependent variable）とよぶ．

　ここで，いくつかの関数を復習してみよう．

● **1 次関数**　関数の具体例としてもっとも簡単なものは，xy グラフを描くと直線が得られる 1 次関数（linear function）であろう．これは，$a, b \in \mathbb{R}$ を定数として与え

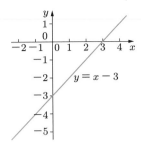

図 5.1 • 1 次関数 $y = x - 3$ の xy グラフ

たとき

$$y = ax + b$$

と表現できる。たとえば，$y = x - 3$ の xy グラフは図 5.1 のようになる。

● **2 次関数**　2 次関数も，グラフ化すると放物線（parabola）が得られる図形として
親しんできたはずである。これは，$a, b, c \in \mathbb{R}$ を定数として与えて

$$y = ax^2 + bx + c \qquad (a \neq 0)$$

という形式で表現できる。たとえば，$y = x^2$ の xy グラフは図 5.2 のように放物線を
描く。

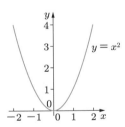

図 5.2 • 2 次関数 $y = x^2$ の xy グラフ

● **三角関数**　三角比 $\sin\theta, \cos\theta, \tan\theta$ は

$$y = \sin x$$

$$y = \cos x$$

$$y = \tan x = \frac{\sin x}{\cos x}$$

というように関数として扱うことができる。これを三角関数（trigonometric func-
tions）とよぶ。

三角関数はコンピュータグラフィックス（CG）を扱う上でもっとも基本となる関数である．これは，図5.3のような原点を中心とする半径1の円（単位円（unit circle）とよぶ）を用いて定義される．円周上の点を x 軸から角度† θ だけ回転移動した単位円上の点の x 座標値を $\cos\theta$，y 座標値を $\sin\theta$ と定義する．

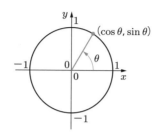

図 5.3 ● 単位円による三角関数の定義

三角関数のうち，$\sin x$（正弦関数，サイン），$\cos x$（余弦関数，コサイン）は波形のグラフを描く．たとえば，$y = \sin x$ の xy グラフは図5.4のようになる．

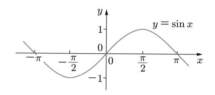

図 5.4 ● 正弦関数 $y = \sin x$ の xy グラフ

これら既習の関数に共通することは，独立変数 x が与えられたとき，何らかの加工方法を通じて従属変数 y をただ一つだけ決定する，ということである．第4章で述べたように，数学では変数 x, y は必ず何らかの集合に属していると考える．そこで，$x,$ y が属している集合がそれぞれ X, Y であるとすると，関数とは

　　「要素どうしの対応づけを規定した f によって，一つの $x \in X$ に対して必ず一つの $y \in Y$ が得られる」

という集合の要素どうしの対応である，と言い換えることができる．

このような集合 X から集合 Y への一方向の対応を写像とよぶ．関数は，X あるいは Y が数集合 $\mathbb{N}, \mathbb{Z}, \mathbb{Q}, \mathbb{R}, \mathbb{C}$，あるいはその部分集合となっている写像の別名なのである．

---

† 角度の単位は度（°）ではなく，ラジアン（rad，弧度法）が標準的である．$1\ \text{rad} = 360°/2\pi$ と換算される．

問題 5.1 つぎの関数の xy グラフを描け.

1. $y = 2x + 3$
2. $y = x^2 + 3x$
3. $y = \cos x$

5.2 写像の定義

前述したように，集合 X から集合 Y への写像とは，X の各要素に対して Y の要素をただ一つ対応づけるものである．ここでは写像を厳密に定義する.

図 5.5 は，写像の例と写像でない例を示している．たとえば，集合 X, Y をそれぞれ

$$X = \{\ \text{りんご}, \text{みかん}, \text{いちご}\ \}$$

$$Y = \{\ \text{赤}, \text{橙}, \text{緑}\ \}$$

とする．このとき，図 5.5(a) の対応づけは，「りんご」には「赤」を，「みかん」には「橙」を，「いちご」には「赤」をそれぞれ対応づける写像である．しかし，逆向きにした図 (b) の対応づけは写像ではない．なぜなら，赤に対応する X の要素（「りんご」と「いちご」）が二つ存在し，さらに，緑に対応する X の要素がないからである.

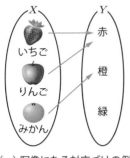 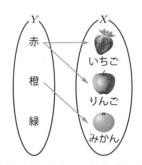

（a）写像になる対応づけの例　　　（b）写像にならない対応づけの例

図 5.5 • 写像の例

定義 5.1 写像

X, Y を集合 $(\neq \emptyset)$ とする．$x \in X$ を一つ決めると $y \in Y$ が必ず一つ決まる一方向の対応づけ f を，X から Y への写像（mapping）f とよび，

$$f : X \longrightarrow Y$$

と書く.

f による要素間 $x \in X$ と $y \in Y$ の対応を明記したいときには,

$$f : x \longmapsto y$$

あるいは

$$y = f(x)$$

と書く.

$f : X \to Y$ という写像があるとき, f による対応関係がない要素が X, Y に存在することがある. 対応する部分を明確に表現するときには, 定義域 (X の部分集合), 値域 (Y の部分集合) という用語を用いる.

定義5.2　　定義域, 像, 値域

X の部分集合 $\{\, x \mid f(x) \text{ が定義される, } x \in X \,\}$ を f の定義域 (domain) といい, $\mathrm{Dom}\,(f)$ と表す. 写像 $f : X \to Y$ に関しては $\mathrm{Dom}\,(f) \subset X$ である.

また, $x \in X$ に対応づけられる $y \in Y$ のことを, f による x の像 (image) といい, $f(x)$ と表す.

f による X の各要素の像の全体, すなわち $\{\, f(x) \mid x \in X, \, f(x) \in Y \,\}$ のことを f の値域 (range) といい, $f(X)$ または $\mathrm{Im}\,(f)$ と表す.

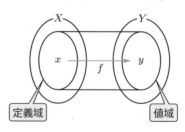

たとえば, $f : \mathbb{R} \to \mathbb{R}$ において,

$$f(x) = \lfloor x \rfloor$$

とすると, 定義域は $\mathbb{R}$ 全体だが, 値域は $\mathbb{Z}$ に限定される.

問題 5.2 $f : \mathbb{R} \to \mathbb{R}$ であるつぎの関数 f における,定義域と値域を求めよ.

1. $f(x) = x^2$

2. $f(x) = \begin{cases} 0 & (x \in \mathbb{Q}) \\ 1 & (x \notin \mathbb{Q}) \end{cases}$

3. $f(x) = \sqrt{x}$

5.3 | 写像の種類

異なる形式で表現されていても,まったく同じ要素ごとの対応づけを行う写像は等しいと考える.たとえば,$f : \mathbb{R} \to \mathbb{R}$ と $g : \mathbb{R} \to \mathbb{R}$ がそれぞれ

$$f(x) = \frac{1}{3x^2 + 1}$$

$$g(x) = \frac{x^2 + 1}{3x^4 + 4x^2 + 1}$$

という写像であれば,すべての $x \in \mathbb{R}$ に対して $f(x) = g(x)$ となる.このようなときは,f と g は写像として等しいとみなせる.

したがって,写像の等号はつぎの条件のときに成立するものとする.

定義 5.3   写像の等号

X, Y を集合とし,ともに X 全体が定義域になっている写像 $f : X \to Y$ および $g : X \to Y$ が等しい,すなわち

$$f = g$$

であるとは,すべての $x \in X$ に対して $f(x) = g(x)$ が成立するとき,そのときに限る.

例題 5.1

$X = \{-1, 0, 1\}, Y = \{0, 1\} \subset \mathbb{Z}$ とする.$f, g : X \to Y$ が

$$f(x) = |x|$$

$$g(x) = x^2$$

であるとき,f と g は等しいか.また,$f, g : \mathbb{Z} \to \mathbb{Z}$ として定義域を $\mathbb{Z}$ 全体に広げたときは

どうか.

解答　はじめの場合，すべての X の要素に対して $f(-1) = g(-1) = 1$, $f(0) = g(0) = 0$, $f(1) = g(1) = 1$ が成立するので，$f = g$ となる.

しかし，定義域を $\mathbb{Z}$ 全体に広げると，$f(-3) = 3$, $g(-3) = 9$ より，$f(-3) \neq g(-3)$ となる反例（counter example）が存在するので，$f \neq g$ である.

写像にはいくつかのタイプがあり，対応づけの種類によって分類が可能になる.

定義5.4　　**定値写像**

　写像 $f : X \to Y$ が，すべての $x \in X$ に対してある一つの元 $b \in Y$ に対応するとき，すなわち，常に

$$f(x) = b$$

となるとき，f を定値写像（constant mapping）とよぶ.

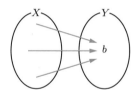

［例］ $f : \mathbb{R} \to \mathbb{R}$ という写像 f が

$$f(x) = 1$$

であるとき，この f は常に 1 に対応する定値関数（写像）である.

定義5.5　　**恒等写像**

　同じ集合への写像 $f : X \to X$ が，すべての $x \in X$ に対して同じ x に対応する，すなわち

$$f(x) = x$$

であるとき，f を恒等写像（identity mapping）とよび，f を I_X，あるいは単に I と書く.

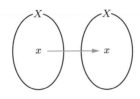

[例] $f : \mathbb{R} \to \mathbb{R}$ という写像 f が

$$f(x) = x$$

であるとき，この f は常に x に対応する恒等関数（写像）である．

　定値写像や恒等写像は写像の中でも特殊な部類に属する．これに対して，つぎに示す単射と全射という性質は，もっと広く写像を分類するために使用されるものである．

　たとえば，ものの個数を数える，という操作を考えてみよう．みかんの集合を Y とし，図 5.6 のような写像 $f : \mathbb{N} \to Y$ を考え，みかん一つに自然数を 1 から順番に対応づけていく（数える）と，みかんの個数が判明する．このようにみかんの個数を数える写像 f の性質として，つぎの二つが挙げられる．

　1. 自然数とみかんが 1 対 1 の対応づけになっている．

　2. 自然数と対応づけられていないみかんは存在しない．

1 の性質を単射，2 の性質を全射とよぶ．これらの定義はつぎのようになる．

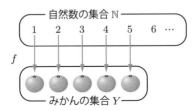

単射 … 1 対 1 の対応
全射 … 対応のないみかんは存在しない

図 5.6 ● みかんの個数を数える写像

定義5.6	単射（1 対 1 写像）

　写像 $f : X \to Y$ において，任意の二つの異なる要素 $x_1 \neq x_2 \in X$ に対して，必ず

$$f(x_1) \neq f(x_2) \in Y$$

が成立するとき，f を単射（injection），あるいは 1 対 1 写像（1-to-1 mapping）

とよぶ.

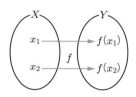

単射である写像 f と, 単射でない写像 g の例をみていこう. たとえば, $f : \mathbb{R} \to \mathbb{R}$ という写像 f が

$$f(x) = x^3$$

であるとき, この f は単射である. しかし, $g : \mathbb{R} \to \mathbb{R}$ という写像 g が

$$g(x) = x^2$$

であるとき, この g は単射ではない. なぜなら, $x = -2$ のときと $x = 2$ のときは $g(-2) = g(2) = 4$ となり, これは単射の定義に反するからである.

定義5.7　　**全射（上への写像）**

写像 $f : X \to Y$ において, すべての $y \in Y$ に対して $f(x) = y$ となる $x \in X$ が存在するとき, f を全射 (surjection), あるいは上への写像 (onto mapping) とよぶ.

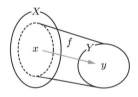

全射である写像 f と, 全射でない写像 g をみていこう. たとえば, $f : \mathbb{R} \longrightarrow \mathbb{R}$ という写像 f が

$$f(x) = 3x + 2$$

であるとき, この f は全射である. しかし, $g : \mathbb{R} \to \mathbb{R}$ という写像 g が

$$g(x) = |3x + 2|$$

であるとき, この g は全射にならない. なぜなら, すべての $x \in \mathbb{R}$ に対して $g(x) \geqq 0$

となり，負の値にはならないからである．

図 5.6 に示したような，単射と全射の両方の性質をもつ写像を全単射とよぶ．

定義5.8   全単射

　写像 $f : X \to Y$ が全射かつ単射であるとき，f は全単射（bijection）である
という．

[例] 全単射になる例とならない例をみていこう．

- $X = \{x_1, x_2, x_3\}$, $Y = \{y_1, y_2\}$ とする．写像 $f : X \to Y$ が

$$f(x_1) = y_1$$
$$f(x_2) = y_2$$
$$f(x_3) = y_2$$

であるとき，f は全射であるが単射ではない．

- $X = \{x_1, x_2\}$, $Y = \{y_1, y_2, y_3\}$ とする．写像 $f : X \to Y$ が

$$f(x_1) = y_2$$
$$f(x_2) = y_1$$

であるとき，f は単射ではあるが全射ではない（y_3 は対応する X の元がない）．

- $X = \{x_1, x_2, x_3\}$, $Y = \{y_1, y_2, y_3\}$ とする．写像 $f : X \to Y$ が

$$f(x_1) = y_3$$
$$f(x_2) = y_1$$
$$f(x_3) = y_2$$

であるとき，f は全単射である．

　写像 f が全単射のときは，f の対応を逆にしたものもまた写像になる．これを逆写
像という．

定義5.9   逆写像

　写像 $f : X \to Y$ が全単射であるとき，写像 $f^{-1} : Y \to X$ を

$$f^{-1} : y \, (= f(x)) \longmapsto x$$

と定義する．これを f の逆写像（inverse mapping）とよぶ．

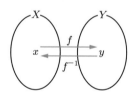

[**例**] いままでみてきた関数の中にも，逆写像（逆関数）としてみることができるものがある．

- $X = \{x_1, x_2, x_3\}, Y = \{y_1, y_2, y_3\}$ とし，写像 $f : X \to Y$ が

$$f(x_1) = y_3$$
$$f(x_2) = y_1$$
$$f(x_3) = y_2$$

であるとき，f は全単射であることは前の例で示した．この場合，逆写像 $f^{-1} : Y \to X$ が存在し，

$$f^{-1}(y_1) = x_2$$
$$f^{-1}(y_2) = x_3$$
$$f^{-1}(y_3) = x_1$$

となる．

- 正の実数の集合を $\mathbb{R}^+$ と定義すると，関数 $f : \mathbb{R}^+ \to \mathbb{R}^+$ が

$$f(x) = x^2$$

であるとき，全単射になる．このとき，逆関数 $f^{-1} : \mathbb{R}^+ \to \mathbb{R}^+$ は

$$f^{-1}(x) = \sqrt{x}$$

である．

- 関数 $f : \mathbb{R} \to \mathbb{R}^+$ が

$$f(x) = 2^x$$

であるとき，この逆関数（写像）$f^{-1} : \mathbb{R}^+ \to \mathbb{R}$ は

$$f^{-1}(x) = \log_2 x$$

である.

問題 5.3　問題 5.2 で定義されている関数（写像）は全射, 単射, 全単射, あるいはこれらのいずれでもないものか, 理由を含めて答えよ.

5.4 写像の合成

写像の定義は, 定義域の要素を一つ取り出せば必ず値域の要素が一つが対応する, というものであった. この性質を利用すると, 写像を二つ以上組み合わせても, 全体としては一つの写像として考えることができる. このようにして生成された写像を合成写像とよぶ.

定義 5.10　写像の合成

X, Y, Z を集合とする. 写像 $f : X \to Y$, $g : Y \to Z$ の合成写像（composition of mappings）を $g \circ f : X \to Z$ と書き, つぎのように定義する.

$$(g \circ f)(x) = g(f(x))$$

[例]

• $X = \{1, 2, 3\}$, $Y = \{a, b, c\}$, $Z = \{\alpha, \beta, \gamma\}$ とし, 写像 $f : X \to Y$, $g : Y \to Z$ を

$$f(1) = a, \qquad f(2) = c, \qquad f(3) = b$$
$$g(a) = \gamma, \qquad g(b) = \alpha, \qquad g(c) = \beta$$

とすると, 合成写像 $g \circ f : X \to Z$ は

$$(g \circ f)(1) = g(f(1)) = g(a) = \gamma$$
$$(g \circ f)(2) = g(f(2)) = g(c) = \beta$$
$$(g \circ f)(3) = g(f(3)) = g(b) = \alpha$$

となる.

• 関数 $f : \mathbb{R} \to \mathbb{R}$ および $g : \mathbb{R} \to \mathbb{R}$ を

$$f(x) = 2x$$
$$g(x) = x^3$$

とする. このとき, 合成写像 $g \circ f : \mathbb{R} \to \mathbb{R}$ および $f \circ g : \mathbb{R} \to \mathbb{R}$ は, それぞれつぎのようになる.

$$
\begin{aligned}
(g \circ f)(x) &= g\big(f(x)\big) \\
&= g(2x) = (2x)^3 = 8x^3 \\
(f \circ g)(x) &= f\big(g(x)\big) \\
&= f(x^3) = 2(x^3) = 2x^3
\end{aligned}
$$

このように, 一般には $g \circ f \neq f \circ g$ である.

問題 5.4　写像 $f : X \to Y$ および $g : Y \to Z$ がつぎのような対応であるとき, 合成写像 $g \circ f : X \to Z$ をすべて記述せよ. ここで, $X = \{x_1, x_2, x_3\}$, $Y = \{y_1, y_2, y_3\}$, $Z = \{z_1, z_2, z_3\}$ とする.

$$f(x_1) = y_3, \qquad f(x_2) = y_1, \qquad f(x_3) = y_2$$
$$g(y_1) = z_1, \qquad g(y_2) = z_2, \qquad g(y_3) = z_1$$

以上みてきたように, 写像の合成に関しては, 一般に交換律は成立しないが, 結合律は成立する.

定理 5.1　　合成写像の結合律

　X, Y, Z, W を集合とする. 任意の写像 $f : X \to Y$, $g : Y \to Z$, $h : Z \to W$ に対して

$$h \circ (g \circ f) = (h \circ g) \circ f$$

が成立する.

また, 特に全単射の場合は, つぎの定理が成立する.

定理5.2	全単射と逆写像の関係

写像 $f : X \to Y$ が全単射とする. このとき, 逆写像 $f^{-1} : Y \to X$ との間で
つぎの等式が成立する.

$$f \circ f^{-1} = I_Y$$

$$f^{-1} \circ f = I_X$$

特に, $X = Y$ であるときは

$$f \circ f^{-1} = f^{-1} \circ f = I_X$$

となる.

[例] $X = \{1, 2, 3\}$, $Y = \{a, b, c\}$ とする. このとき $f : X \to Y$ が

$$f(1) = c, \qquad f(2) = a, \qquad f(3) = b$$

であるとすると, f は全単射である. 逆写像 $f^{-1} : Y \to X$ は

$$f^{-1}(a) = 2, \qquad f^{-1}(b) = 3, \qquad f^{-1}(c) = 1$$

となる. よって, 合成写像 $f^{-1} \circ f$ は

$$(f^{-1} \circ f)(1) = f^{-1}(f(1)) = f^{-1}(c) = 1$$

$$(f^{-1} \circ f)(2) = f^{-1}(f(2)) = f^{-1}(a) = 2$$

$$(f^{-1} \circ f)(3) = f^{-1}(f(3)) = f^{-1}(b) = 3$$

となるので, $f^{-1} \circ f = I_X$ であることがわかる. $f \circ f^{-1} = I_Y$ であることは各自確
認してほしい.

5.5 置　換

あみだくじを写像としてとらえなおすと, 全単射になっていることがわかる. たと
えば, 図 5.7 を考えてみる. 自然数の部分集合 N_3 を $N_3 = \{1, 2, 3\} \subset \mathbb{N}$ とすると,
この二つのあみだくじは写像 $\sigma, \tau : N_3 \to N_3$ であり, 全単射になっていることがわ
かる. ちなみに, $\sigma = \tau$ である.

このあみだくじのように, 自然数の部分集合 $N_n = \{1, 2, ..., n\} \subset \mathbb{N}$ どうしの全単

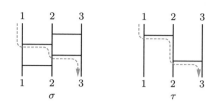

図 5.7 ● あみだくじ σ と τ

射 $\sigma : N_n \to N_n$ は，N_n をシャッフルしているものと考えることもできる．これを置換とよび，行列式の定義などさまざまな場面で使用される．

定義5.11   置換

$N_n = \{1, 2, ..., n\} \subset \mathbb{N}$ とする．このとき，全単射 $\sigma : N_n \to N_n$ を N_n における置換（permutation）とよび，σ を

$$\sigma = \begin{pmatrix} 1 & 2 & \cdots & n \\ \sigma(1) & \sigma(2) & \cdots & \sigma(n) \end{pmatrix}$$

と書く．ここで，$\{\sigma(1), \sigma(2), ..., \sigma(n)\} = N_n$ である．

［例］$N_3 = \{1, 2, 3\}$ における置換は $6\ (= 3!)$ 個存在する．

$$\begin{pmatrix} 1 & 2 & 3 \\ 1 & 2 & 3 \end{pmatrix}, \qquad \begin{pmatrix} 1 & 2 & 3 \\ 1 & 3 & 2 \end{pmatrix}, \qquad \begin{pmatrix} 1 & 2 & 3 \\ 2 & 1 & 3 \end{pmatrix},$$

$$\begin{pmatrix} 1 & 2 & 3 \\ 2 & 3 & 1 \end{pmatrix}, \qquad \begin{pmatrix} 1 & 2 & 3 \\ 3 & 1 & 2 \end{pmatrix}, \qquad \begin{pmatrix} 1 & 2 & 3 \\ 3 & 2 & 1 \end{pmatrix}$$

一般に，N_n における置換は $n!$ 個存在する．

例題5.2

置換 σ, τ が以下のように与えられているとき，合成置換（写像）$\sigma \circ \tau$ を一つの置換として表現せよ．

$$\sigma = \begin{pmatrix} 1 & 2 & 3 \\ 3 & 1 & 2 \end{pmatrix}, \qquad \tau = \begin{pmatrix} 1 & 2 & 3 \\ 2 & 3 & 1 \end{pmatrix}$$

解答 合成写像のつくり方（定義 5.10）より

$$(\sigma \circ \tau)(1) = \sigma(\tau(1)) = \sigma(2) = 1$$

$$(\sigma \circ \tau)(2) = \sigma(\tau(2)) = \sigma(3) = 2$$

$$(\sigma \circ \tau)(3) = \sigma(\tau(3)) = \sigma(1) = 3$$

となる．よって，

$$\sigma \circ \tau = \begin{pmatrix} 1 & 2 & 3 \\ 1 & 2 & 3 \end{pmatrix}$$

となる．これは恒等置換（定義 5.5）である．

問題 5.5　置換 σ, τ が以下のように与えられているとき，合成置換（写像） $\sigma \circ \tau$ を一つの置換として表現せよ．

$$\sigma = \begin{pmatrix} 1 & 2 & 3 & 4 \\ 2 & 4 & 1 & 3 \end{pmatrix}, \qquad \tau = \begin{pmatrix} 1 & 2 & 3 & 4 \\ 4 & 2 & 3 & 1 \end{pmatrix}$$

5.6 発展：順列と組合せと有限集合の写像

　ここでは，基本的な数え上げの関数と，それらの性質について説明する．そして，写像，単射，全射，全単射の個数を求める公式を述べる．

　異なる n 個のものから r 個を取り出して並べるとき，並べ方のおのおのを順列（permutation）という．これらの順列の総数を $_nP_r$ と表す．また，異なる n 個のものから r 個を取り出すとき，取り出し方（並べないので順序は問わない）のおのおのを組合せ（combination）という．これらの組合せの総数が $_nC_r$ と表現できることは，第 1 章ですでに述べた．

　$_nP_r, \, _nC_r$ はそれぞれ

$$_nP_r = n(n-1)(n-2)\dots(n-r+1) = \frac{n!}{(n-r)!}$$

$$_nC_r = \frac{_nP_r}{r!} = \frac{n!}{(n-r)!r!}$$

と表される．

例題 5.3

以下の問いに答えよ．

(1) さいころを 3 回振るとき，目の出方は何通りあるか．

(2) 4 人でリレーの第 1 走者から第 4 走者を決めるとき，決め方は何通りあるか．

(3) 11 人の野球部員から 9 人を選んで打順を組むとき，打順は何通りあるか．

(4) 1 から 5 までの数字の書かれた 5 枚のカードから 2 枚を選ぶとき，選び方は何通りあるか．

(5) 6 人の生徒から 2 人の委員を選ぶとき，選び方は何通りあるか．

(6) （写像の総数）集合 X と Y の要素数をそれぞれ k と n とする．このとき，X から Y への写像は全部で何個あるか．

(7) （単射の総数）集合 X と Y の要素数をそれぞれ k と n とする（ただし，$k \leqq n$）．このとき，X から Y への単射は全部で何個あるか．

(8) （全単射の総数）X と Y の要素数をともに n とする．このとき，X から Y への全単射は全部で何個あるか．

解答　(1) $6 \cdot 6 \cdot 6 = 216$ 通り．

(2) ${}_4P_4 = 4! = 4 \cdot 3 \cdot 2 \cdot 1 = 24$ 通り．

(3) ${}_{11}P_9 = 11 \cdot 10 \cdot 9 \cdot 8 \cdot 7 \cdot 6 \cdot 5 \cdot 4 \cdot 3 = 19958400$ 通り．

(4) ${}_5C_2 = (5 \cdot 4)/(2 \cdot 1) = 10$ 通り．

(5) ${}_6C_2 = (6 \cdot 5)/(2 \cdot 1) = 15$ 通り．

(6) X の各要素には n 個の要素が独立に対応し，また，X の要素は k 個存在するから，$n \times n \times \cdots \times n = n^k$ 個．

(7) X の一つ目の要素に対応させる Y の要素は n 個あり，二つ目には $n-1$ 個，$\cdots$，k 個目には $n-k+1$ 個ある．ゆえに，単射の個数は ${}_nP_k = n(n-1)\cdots(n-k+1)$ である．

(8) 上記 (7) で $k = n$ とおけばよいので，$n!$ 個である．

問題 5.6　以下の等式を証明せよ．

1. ${}_nC_0 = {}_nC_n = 1$.

2. ${}_nC_1 = n \quad (n > 0)$.

3. ${}_{n+1}C_k = {}_nC_k + {}_nC_{k-1} \quad (0 < k \leqq n)$.

4. ${}_nC_k = {}_nC_{n-k} \quad (0 \leqq k \leqq n)$.

例題 5.4

正整数 n に対して，以下の等式（二項定理）を証明せよ．

$$(x+y)^n = \sum_{i=0}^{n} {}_nC_i x^i y^{n-i} \tag{5.2}$$

証明　数学的帰納法（第 7 章）で証明する．$(x+y)^1 = x+y = y+x = {}_1C_0 x^0 y^{1-0} + {}_1C_1 x^1 y^{1-1}$ であるから，$n=1$ のとき，等式 (5.2) は成立する．つぎに，$n=k$ のときに式 (5.2) が成立すると仮定する．このとき，

$$(x+y)^{k+1} = (x+y)^k (x+y) = \left(\sum_{i=0}^{k} {}_kC_i x^i y^{k-i} \right) (x+y)$$

の $x^i y^{k+1-i} (1 \leqq i \leqq k)$ の係数は ${}_kC_{i-1} + {}_kC_i$ である．問題 5.6 の 3 により，この係数は ${}_{k+1}C_i$ に等しい．また，x^{k+1} と y^{k+1} の係数は 1 である．ゆえに，$n=k+1$ の場合に等式 (5.2) は成立する．　（証明終）

● **全射の総数と二項反転公式**　表 5.1 は，縦軸を有限集合 X の基数 $n (= |X|)$ とし，横軸を有限集合 Y の基数 $k (= |Y|)$ としたときの，X から Y への単射の個数である．特に，$n=k$ の場合（対角線上）は全単射の個数に相当する．たとえば，X の基数が $n=5$ で Y の基数が $k=8$ であるとき，X から Y への単射の個数は 6720 個である．k が n よりも大きい場合には単射は存在しないので，左下半分は 0 となっている．

単射の個数は，例題 5.3(7) より $k(k-1)\cdots(k-n+1)$ で，すぐに求めることができる．

表 5.2 は，基数 n の集合 X から基数 k の集合 Y への全射の個数を表している．対角線上は全単射の個数になっている．右上半分の 0 は，$n<k$ であるので全射が存在しないことを表している．

全射の個数を求めることは，単射の個数を求めるよりもかなり面倒である．ここでは，二項反転公式を使って，全射の個数を計算する公式 (5.5) を求めることにする．なお，表 5.2 の全射の個数は，この公式を使って計算機を用いて計算した．

表 5.1 ● 単射の個数

		k							
		1	2	3	4	5	6	7	8	9
	1	1	2	3	4	5	6	7	8	9
	2	0	2	6	12	20	30	42	56	72
	3	0	0	6	24	60	120	210	336	504
	4	0	0	0	24	120	360	840	1 680	3 024
n	5	0	0	0	0	120	720	2 520	6 720	15 120
	6	0	0	0	0	0	720	5 040	20 160	60 480
	7	0	0	0	0	0	0	5 040	40 320	181 440
	8	0	0	0	0	0	0	0	40 320	362 880
	9	0	0	0	0	0	0	0	0	362 880

表 5.2 • 全射の個数

					k				
	1	2	3	4	5	6	7	8	9
1	1	0	0	0	0	0	0	0	0
2	1	2	0	0	0	0	0	0	0
3	1	6	6	0	0	0	0	0	0
4	1	14	36	24	0	0	0	0	0
n 5	1	30	150	240	120	0	0	0	0
6	1	62	540	1560	1800	720	0	0	0
7	1	126	1806	8400	16800	15120	5040	0	0
8	1	254	5796	40824	126000	191520	141120	40320	0
9	1	510	18150	186480	834120	1905120	2328480	1451520	362880

まず，二項反転公式について説明する．数列 $a_0, a_1, ..., a_n$ と $b_0, b_1, ..., b_n$ について，

$$a_k = \sum_{i=0}^{k} {}_kC_i\, b_i \qquad (0 \leqq k \leqq n) \tag{5.3}$$

が成り立つならば，

$$b_k = \sum_{i=0}^{k} (-1)^{k-i}\, {}_kC_i\, a_i \qquad (0 \leqq k \leqq n) \tag{5.4}$$

が成り立つこと，また逆に，式 (5.4) が成り立てば式 (5.3) が成り立つことが知られている．これを二項反転公式という．

つぎに，これを全射の総数を求めることに応用する．集合 X の基数 $n(\geqq 1)$ を定数として考える．集合 X から，基数が $k(0 \leqq k \leqq n)$ である集合 Y への写像の個数を a_k とし，全射の個数を b_k とする．ただし，$a_0 = b_0 = 0$ と定義する．また，$a_k = k^n$ である．

このとき，X から Y への全部の写像を，値域の基数 $i = 0, 1, 2, ..., k$ で分類し，それらを合計することにより，

$$a_k = \sum_{i=0}^{k} {}_kC_i\, b_i \qquad (0 \leqq k \leqq n)$$

を得る．ここで，二項反転公式を使うと，

$$b_k = \sum_{i=0}^{k} (-1)^{k-i}\, {}_kC_i\, a_i = \sum_{i=0}^{k} (-1)^{k-i}\, {}_kC_i\, i^n \qquad (0 \leqq k \leqq n) \tag{5.5}$$

を得る．これが X から Y への全射の個数を求める公式である．

5.7 ｜ まとめ

　本章では写像（関数），定値写像，恒等写像，単射，全射，全単射，逆写像，合成写像，結合法則，置換を学んできた．そのうち，写像の種類をベン図で分類すると図 5.8 のようになる．

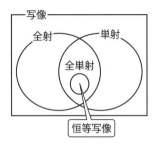

図 5.8 • 写像の分類

===================== 章末問題 =====================

1. 図 5.9 について，つぎの (1)〜(3) の問いに答えよ．

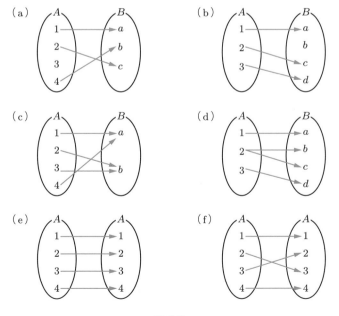

図 5.9

(1) (a)〜(f) のうち写像はどれか．すべて選べ．

(2) (a)〜(f) のうち単射である写像はどれか．すべて選べ．

(3) (a)〜(f) のうち全射である写像はどれか．すべて選べ．

2. つぎの写像 $f: X \to Y$ は全射といえるか．また単射といえるか．全単射の場合には逆写像 f^{-1} を求めよ．

(1) $X = Y = \mathbb{R}$（実数全体の集合），$f(x) = 2x$.

(2) $X = Y = \mathbb{R}$，$f(x) = 3x + 6$.

(3) $X = Y = \{\, x \mid x \geqq 0,\ x \in \mathbb{R} \}$（非負実数全体の集合），$f(x) = x^2 + 3x$.

(4) $X = \mathbb{R}$，$Y = \{\, x \mid x > 0,\ x \in \mathbb{R}\}$（正の実数全体の集合），$f(x) = 2^x$.

(5) $X = \mathbb{R}$，$Y = \mathbb{Z}$（整数全体の集合），$f(x) = \lfloor x \rfloor$.

3. 写像 $f: \mathbb{R} \to \mathbb{R}$ と $g: \mathbb{R} \to \mathbb{R}$ を

$$f(x) = \frac{1}{2}x + 2, \qquad g(x) = x^3$$

で定義するとき，つぎの写像を求めよ．

(1) $(g \circ f)(x)$　　　(2) $(f \circ g)(x)$　　　(3) $f^{-1}(x)$　　　(4) $(f \circ f^{-1})(x)$　　　(5) $g^{-1}(x)$

4.* つぎの写像のすべての個数を求めよ．

(1) $X = \{1,2,3\}$，$Y = \{a,b,c,d\}$ とするとき，X から Y への写像．

(2) $X = \{1,2,3\}$，$Y = \{a,b,c,d\}$ とするとき，X から Y への単射．

(3) $X = \{1,2,3,4\}$，$Y = \{a,b\}$ とするとき，X から Y への全射．

(4) $X = \{1,2,3,4\}$，$Y = \{a,b,c\}$ とするとき，X から Y への全射．

(5) $X = \{1,2,3,4\}$，$Y = \{a,b,c,d\}$ とするとき，X から Y への全単射．

5. 写像 $f: X \to Y$ と $g: Y \to Z$ に対して以下を示せ．

(1) f と g がともに全射ならば，$(g \circ f)(x)$ も全射である．

(2) f と g がともに単射ならば，$(g \circ f)(x)$ も単射である．

6. f を集合 X から X 自身への写像とする．以下の問いに答えよ．

(1) $f \circ f = I_X$ ならば f は全単射であることを示せ．

(2) $f \circ f = I_X$ ならば $f^{-1} = f$ であることを示せ．

(3) $X = \{1,2,3\}$ とするとき，$f \circ f = I_X$ となる f の例を二つ挙げよ．

Column　　　プログラムにおける「関数」

　複雑な機能を組み合わせてコンピュータを操作するためには，機能ごとにプログラムを分割し，組み合わせ方が明確になるように記述しなければならない．このように単機能化されたプログラムをサブルーチン（subroutine），または関数（function）とよぶ．

　たとえば，前述したうるう年を計算するプログラム（第 3 章コラム）のうち，うるう

年を計算する部分だけを関数として独立させておくと，ほかのプログラムに転用しやすくなる．例として，2000 年から 2100 年のうち，うるう年だけを表示する C++ プログラムをつくろうと思うと，10 行目から 13 行目を切り出して

```
int is_leapyear(int year)
{
  if(((y % 4 == 0) && (y % 100 != 0)) || (y % 400 == 0))
    return 1; // うるう年のときは 1 を返す
  else
    return 0; // 平年のときは 0 を返す
}
```

という，1 か 0 を返す関数 is_leapyear をつくっておき，これを利用して

```
for(int x = 2000; x <= 2100; x++)
{
  if(is_leapyear(x) == 1)
      cout << x << "年はうるう年です" << endl;
}
```

と 2000 から 2100 のすべての数をチェックする繰り返しの指定を行えばよい．

　このように単機能な部分を関数として記述しておくと，もっと複雑なプログラムの一部にこの関数を流用することも楽にできるようになるのである．

「友達の友達はみな友達だ」という台詞が流行したことがあった．しかし，これを数学的な命題として考えると，必ずしも正しいとはいえない．A 君と B 君は私の友達だが，A 君と B 君はまったく面識がないので友達とはいえない，ということがありうるからだ．しかし，「友達」を「親戚」に置き換えてみるとどうだろうか．「親戚の親戚はみな親戚だ」という文章ならば，これは，民法でいうところの「親等」はだんだん離れていくものの，正しい命題である．

本章では，このように「友達」とか「親戚」といった，複数の要素の間に存在する関係（relation）というものを，具体例に基づいて数学的に考察する．

6.1 | 関係の例：等号関係，大小関係

ある集合に属する二つの要素に関連があるのか，関連があるとすればそれはどういう種類のものか，を表現したものを関係とよぶ．正確な数学的定義は後に回し，この節ではいままで学んできた数学的知識の中から関係（特に，二つの要素に関する 2 項関係）とよべるものを取り上げ，それらの性質について整理してみよう．

●**等号による関係** $x, y \in \mathbb{R}$ が

$$x = y$$

であるとき，x と y は等しい（equal）という．このとき，x と y には等号関係（equal relation）が成立しているという．

この等号関係には，つぎの三つの性質が備わっている．

- **反射律** 任意の $a \in \mathbb{R}$ に対して，$a = a$ が成立する．
- **対称律** $a, b \in \mathbb{R}$ に対して，もし $a = b$ が成立するならば，$b = a$ も成立する．
- **推移律** $a, b, c \in \mathbb{R}$ に対して，$a = b$ かつ $b = c$ が成立するならば，$a = c$ も成立する．

例として，命題論理式の等号（定義 3.5）を考えよう．三つの命題論理式 $p \Rightarrow q$，$\neg p \lor q$，$\neg q \Rightarrow \neg p$ はたがいに等しいものであった．つまり

$$p \Rightarrow q \;=\; \neg p \lor q$$

$$p \Rightarrow q \ = \ \neg q \Rightarrow \neg p$$

である．このとき，各命題論理式の真理値表が完全に一致することから，上記の反射律，対称律，推移律はすべて成立することがわかる．同様のことは集合どうしの等号（定義 4.7 参照）にもいえる．

　関係の中には反射律，対称律，推移律を満足しないものも存在する．たとえば，不等号（$<, \leqq$），集合における包含関係（$\supset$）等である．

●**不等号による関係**　$x, y \in \mathbb{R}$ が

$$x < y$$

であるとき，x は y より小さい，または，x は y 未満である，という．また

$$x \leqq y$$

であるとき，x は y より小さいか等しい，または，x は y 以下である，という．

　このとき，x と y には不等号 ($<, \leqq$) による大小関係が成立するという．$\mathbb{R}$ の部分集合である $\mathbb{N}, \mathbb{Z}, \mathbb{Q}$ においても，不等号による 2 項関係は存在する．

　不等号による 2 項関係では，等号関係で成立した三つの性質のうち，反射律，対称律が成立しないことがある．たとえば，$x = -3, y = 5$ の場合，反射律

$$-3 \leqq -3$$

は成立するが

$$-3 < -3$$

は成立しない．また，対称律は

$$-3 < 5$$

の逆

$$5 < -3$$

が成立しない．これは $\leqq$ でも同じく成立しない．

　しかし，どちらも推移律は成立する．つまり

$$a < b \text{ かつ } b < c$$

ならば

$$a < c$$

が必ず成立する．$\leqq$ でも同様である．

表 6.1 ● 実数における 2 項関係が満足する性質

	反射律	対称律	推移律
$=$	○	○	○
$<$	×	×	○
$\leqq$	○	×	○

　以上，実数（とその部分集合）における三つの 2 項関係（等号関係，不等号 2 種類による 2 項関係）と，2 項関係が満足する性質をおさらいした．これらをまとめると，表 6.1 のようになる．なお，この三つの性質は 6.4 節で扱う同値類の定義で使用される．

問題 6.1　集合においても，等号関係（定義 4.7），部分集合を規定する包含関係（定義 4.6）が成立する．具体的に有限集合 A, B, C をつくり，反射律，対称律，推移律が成立するかどうかを確認して以下の表を完成せよ．成立しない場合は反例（成立しない具体例）を一つ挙げよ．

	反射律	対称律	推移律
$=$			
$\subset$			

6.2 ｜ 順序対による関係の定義

　ここでは 2 項関係を数学的にきちんと定義する．まず必要になるのは，座標の考え方を拡張した順序対というものと，順序対の集合である直積（集合）である．

　いま，xy 平面上に点 P$(2, 5)$ と点 Q$(5, 2)$ があるものとする．その座標 (x, y) は $x \in \mathbb{R}$ と $y \in \mathbb{R}$ の組み合わせで表現される（図 6.1）．

　当然のことながら，点 P と点 Q は座標が異なるため，異なる点とみなされる．つまり

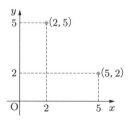

図 6.1 ● 2 次元座標の例

$$(2,5) \neq (5,2)$$

である.

そこで,座標を単なる数の組み合わせとみなせば,

$$(a,b) = (c,d)$$

であるならば

$$a = c \text{ かつ } b = d$$

でなければならない新たな数学的記号ということになる.この座標のように,二つの集合の要素を定められた順番で書き並べたものを順序対とよび,順序対を要素とする集合を直積（集合）とよぶ.

定義6.1　　順序対, 直積

集合 A の要素 a と集合 B の要素 b の二つを並べたものを順序対（pair, ordered pair）といい,(a,b) と表す.a を順序対 (a,b) の第 1 成分（first element）といい,b を第 2 成分（second element）という.A と B の直積（direct product, Cartesian product）は,

$$\{ (a,b) \mid a \in A, b \in B \}$$

で定義され,$A \times B$ で表される.特に,$A = B$ のときは,指数表現を用いて

$$A \times A = A^2$$

と書く.

一般的な 2 項関係は,この直積の部分集合として表現できる.

定義6.2　　2 項関係

直積 $A \times B$ の部分集合 R を,（2 項）関係（(binary) relation）という.特に,$A = B$ のときは,A 上の（2 項）関係という.

$(a,b) \in R$ であることを,関係 R を要素と要素の間に書いて aRb と表すことがある.

ここまでみてきたように,関係 R を表す記号としては $=, <, \leqq, \equiv$ 等,さまざまなものが使用される.

例題 6.1

$A = \{1, 2, 3\} \subset \mathbb{N}$ とする．このとき，A 上の等号関係を R_{EQ}，$<$ による 2 項関係を R_{LT} とするとき，それぞれを外延的記法で書け．

解答

$$R_{EQ} = \{(1, 1), (2, 2), (3, 3)\} \subset A \times A = A^2,$$

$$R_{LT} = \{(1, 2), (1, 3), (2, 3)\} \subset A^2.$$

問題 6.2　$A = \{1, 2, 3\} \subset \mathbb{N}$ 上の $\leqq$ による 2 項関係を表現する関係 R_{LE} を外延的記法で書け．

いままでは 2 項関係，すなわち二つの要素間の関係だけをみてきたが，三つ以上の要素に基づく関係というものも当然考えられる．たとえば，3 次元座標（空間）(x, y, z) や，時間軸 t も含めた 4 次元空間 (t, x, y, z) というものは，物理学では普通に用いられるものである．

定義 6.3　n 項組，n 項関係

n を正の整数とする．集合 X_i の要素 x_i を順番に並べたものを，n 項組（n-tuple）といい，$(x_1, x_2, \ldots, x_n)$ と表す．集合 $X_1, X_2, \ldots, X_n$ の直積 $X_1 \times X_2 \times \cdots \times X_n$ は

$$\{(x_1, x_2, \ldots, x_n) \mid x_1 \in X_1, x_2 \in X_2, \ldots, x_n \in X_n\}$$

で定義される．この直積 $X_1 \times X_2 \times \cdots \times X_n$ の部分集合のことを n 項関係という．

この定義より，2 項組は順序対のことである．

また，2 次元平面，3 次元空間，4 次元空間，…，n 次元空間の座標は n 項組で表現される．すなわち

$$(a_1, a_2, \ldots, a_n) \in \underbrace{\mathbb{R} \times \mathbb{R} \times \cdots \times \mathbb{R}}_{n \text{ 個}} = \mathbb{R}^n$$

である．

n 項組で定義される n 項関係は，関係データベース（relational database, RDB）における「データベース」を定義する重要な概念である（章末コラム参照）．

例題 6.2

　A 大学には文学部，工学部の 2 学部があり，学部生はそれぞれ 1 学年 50 名在籍している
ものとする．A 大学の学生は必ず所属学部，学年（1, 2, 3, 4），学籍番号（1〜50）が割り振
られている．

　所属学部の集合を D，学年の集合を Y，学籍番号の集合を N とするとき，400 名の学生
の集合を，3 項組からなる集合 S で表せ．

解答
$$S = \{(\text{文学部}, 1, 1), ..., (\text{文学部}, 1, 50), ..., (\text{文学部}, 4, 50),$$
$$(\text{工学部}, 1, 1), ..., (\text{工学部}, 4, 50)\}$$
$$\subset D \times Y \times N$$

問題 6.3　ある会社は営業部，総務部，開発部の 3 部門があり，それぞれの部門には 3〜
5 人ずつ社員が属している．社員の性別，部門，部門に属する社員にはそれぞれ固有の ID 番
号がつぎのように振られている．

性別

性別 ID	性別
1	女性
2	男性

部門

部門 ID	部門名
1	営業部
2	総務部
3	開発部

営業部員

社員 ID	名前	性別	年齢
1	宇山	1	36
2	佐藤	2	26
3	鈴木	1	39
4	鈴木	1	40
5	新島	1	48

総務部員

社員 ID	名前	性別	年齢
1	伊藤	1	36
2	佐藤	2	26
3	間山	1	39

開発部員

社員 ID	名前	性別	年齢
1	相川	2	36
2	三河	1	60
3	鈴木	2	39
4	鈴木	2	47

社員をそれぞれ (部門 ID, 社員 ID) という順序対で表現したとすると，つぎの順序対はどこ
の誰を示しているか答えよ．

1. $(3, 2)$
2. $(1, 5)$
3. $(2, 2)$

また，つぎの個人の順序対を答えよ．

4. 営業部の 40 歳の鈴木さん

5. 開発部の 47 歳の鈴木さん

6. 総務部の伊藤さん

6.3 | 2 項関係としての写像および関係の有向グラフ表現

第 5 章で学んだように，写像は二つの集合の要素間の一方向の対応づけのうち，定義 5.1 を満足するものであった．この写像による対応づけは，2 項関係としても表現できる．

たとえば，有限集合 $A = \{a_1, a_2, a_3\}$, $B = \{b_1, b_2, b_3\}$ の間に，図 6.2 に示す 2 種類の対応づけがあったとしよう．

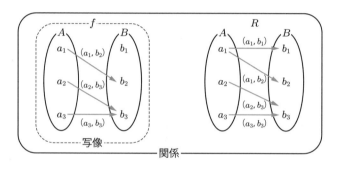

図 6.2 ● 写像 f（左）と 2 項関係 R（右）

写像 f は $f(a_1) = b_2$, $f(a_2) = b_3$, $f(a_3) = b_3$ という対応づけになっているので，定義 5.1 の条件を満足している．それに対して，2 項関係 R は同じ要素 a_1 から b_1 と b_2 への対応づけがあるので写像ではない．

しかし，写像 f による対応づけ $f(a_i) = b_j$ がなされているとき，これを直積 (a_i, b_j) で表現すると，f による対応づけは (a_1, b_2), (a_2, b_3), (a_3, b_3) となる．これは，2 項関係としても表現できているということを意味する．つまり，f を関係として表現することもでき，

$$f = \{(a_1, b_2), (a_2, b_3), (a_3, b_3)\} \subset A \times B$$

と書いても写像 f の対応づけを表現していることになる．

このように，写像は 2 項関係の一種とみなすことができるのである．

定理6.1	2項関係としての写像

集合 X, Y 間の写像 $f : X \to Y$ は

$$\{ (x, f(x)) \mid x \in X,\ f(x) \in Y \} \subset X \times Y$$

という2項関係とみることもできる.

したがって, 第5章の最初で復習した関数 $y = f(x)$ の xy グラフも, xy 平面は $\mathbb{R}^2 = \mathbb{R} \times \mathbb{R}$ という実数集合の直積であり, 描かれた直線や曲線が $\{ (x, f(x)) \mid x \in \mathbb{R} \}$ という関係を表現しているとみることができる. たとえば, 1次関数 $y = (3/2)x + 3$ の xy グラフの場合, 図6.3 のように, 関係を図示したものといえる.

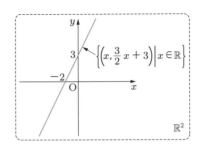

図 6.3 ● 関数 $y = (3/2)x + 3$ を関係としてとらえなおすと…

同じ集合への2項関係は, 有向グラフ (directed graph) として表現することもできる (詳細は第8章参照). たとえば, 有限集合 $A = \{a_1, a_2, a_3\}$ の要素間に

$$R = \{(a_1, a_1), (a_1, a_2), (a_3, a_2)\} \subset A^2$$

という2項関係 R があるとする. これを集合 A から A への対応づけとして表現すると, 図6.4(a) のようになる. この場合, 同じ集合 A どうしの対応づけなので, 二つの集合をそれぞれ書くのは労力の無駄である. そこで, 集合 A の要素をノード (node) として平面上に分散して配置し, 対応づけのなされているノード (要素) 間を矢印つきのエッジ (edge, 辺) として描くことにする. これが, 2項関係の有向グラフ表現とよばれているものである. これを図6.4(b) に示す.

エッジどうしが重なってみづらくならないよう, 同じノード間の対応づけは円弧として描き ((a_1, a_1) 参照), 異なるノード間の対応づけは一本のエッジとして描く.

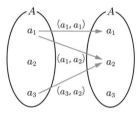

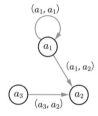

（a）集合どうしの対応づけ
　　　としての表現

（b）有向グラフ表現

図 6.4 • 2 項関係

定義6.4　　　有向グラフ

　ノードの集合 A と 2 項関係を表すエッジの集合 $R \subset A^2$ をあわせて表現される

$$G = (A, R)$$

と，その幾何学的表現を有向グラフとよぶ.

例題6.3

有限集合 $N_4 = \{1, 2, 3, 4\}$ 上の 2 項関係 R が

$$R = \{(1,1), (1,2), (2,4), (4,1), (4,3)\}$$

であるとき，R を有向グラフ $G = (N_4, R)$ として描け.

解答

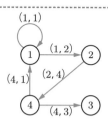

問題6.4　　有限集合 $N_5 = \{1, 2, 3, 4, 5\}$ 上の 2 項関係 R が

$$R = \{(1,3), (1,4), (1,5), (2,1), (2,2), (3,5), (4,5), (4,4)\}$$

であるとき，R を有向グラフ $G = (N_5, R)$ として描け.

6.4 | 発展：同値関係と類別

6.1 節で学んだ，等号関係がもつ三つの性質（反射律，対称律，推移律）を満足する 2 項関係を，同値関係とよぶ．

定義6.5　同値関係

A 上の 2 項関係 R がつぎの反射律，対称律，推移律のすべてを満足するとき，R を同値関係とよぶ．

反射律　任意の $a \in A$ に対して，aRa が成立する．

対称律　$a, b \in A$ に対して，もし aRb が成立するならば，bRa も成立する．

推移律　$a, b, c \in A$ に対して，aRb かつ bRc が成立するならば，aRc も成立する．

集合 A 上の同値関係は，集合 A をいくつかのグループに分けることができる．

たとえば，S 大学の学生に対して「学生 a と学生 b は同じ県出身である」という関係を考える．この関係は明らかに同値関係である．このとき，「静岡県出身グループ」「愛知県出身グループ」，… というようなグループができる．図 6.5 のように，S 大学に所属する学生は，必ずどこかのグループに入り，なおかつ二重にグループに所属することはない．この考え方を一般化したものが，同値類に基づく類別である．

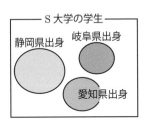

図 6.5 ● 同値類：出身地によるグループ分け

定義6.6　同値類

R を集合 A 上の同値関係とする．このとき，$a \in A$ に対して，

$$C_a = \{\, x \in A \mid xRa \,\}$$

を（R による）要素 a の属する同値類（equivalence class）という．

例題 6.4

$A = \{1, 2, 3\}$ とする．同値関係 $R = \{(1, 1), (1, 2), (2, 1), (2, 2), (3, 3)\}$ について，以下の問いに答えよ．

(1) 1 の属する同値類 C_1 を求めよ．

(2) 2 の属する同値類 C_2 を求めよ．

(3) 3 の属する同値類 C_3 を求めよ．

(4) 集合 A は同値関係 R によっていくつの同値類に分けられるか．

解答 (1) $C_1 = \{1, 2\}$.   (2) $C_2 = \{1, 2\}$.   (3) $C_3 = \{3\}$.   (4) 2 個.
図示すると図 6.6 のようになる．

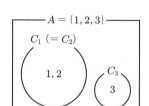

図 6.6 ● 例題 6.4 の同値類

例題 6.5

R は集合 A 上の同値関係とし，C_a は R による要素 a の属する同値類とする．このとき，以下のことを示せ．

(1) $a \in C_a$.

(2) aRb ならば，$C_a = C_b$.

(3) $x, y \in C_a$ ならば，xRy.

(4) aRb でなければ，$C_a \cap C_b = \emptyset$.

証明 (1) aRa だから，同値類の定義により $a \in C_a$．

(2) $x \in C_a$ とする．xRa である．aRb であり，R が同値関係であるから xRb．したがって，$x \in C_b$，すなわち $C_a \subset C_b$．また，bRa であるから同様に $C_b \subset C_a$ が示される．よって，$C_a = C_b$ がいえる．

(3) 仮定により xRa, yRa である．対称律により aRy である．さらに，推移律により xRy がいえる．

(4) 背理法で証明する．$x \in C_a \cap C_b$ となる x が存在したとする．xRa かつ xRb であるから，対称律と反射律により aRb を得る．これは矛盾である．   (証明終)

先ほどの例のように，同値関係を使って集合をグループ分けできる．

定理6.2　　**同値関係による集合の直和分解**

R は集合 A 上の同値関係とし，R のたがいに異なる同値類の全体が $C_{a_1}, C_{a_2}, \cdots, C_{a_n}$ と表されるとする．このとき，A はこれらの同値類によって直和分解される．すなわち，

$$A = C_{a_1} \cup C_{a_2} \cup \cdots \cup C_{a_n}$$

$$\text{ただし，} C_{a_i} \cap C_{a_j} = \emptyset \ (i \neq j)$$

となる．

　このように，たがいに異なる部分集合の積集合が空集合になる上記の分割を直和分解とよび，特に同値類による直和分解を類別，類別によって生成された部分集合 C_a を類とよぶ．この類 C_a の要素 a を C_a の代表元といい，各類から要素を一つずつ取り出した $\{a_1, a_2, \cdots, a_n\}$ を完全代表系という．

例題6.6

$\mathbb{Z}$ 上の同値関係 $\equiv_2$ を，

$$a \equiv_2 b \iff a - b \text{ は 2 の倍数}$$

と定義する．このとき，つぎの問いに答えよ．

(1) 0 の属する同値類 C_0 はどんな集合か．

(2) 1 の属する同値類 C_1 はどんな集合か．

(3) $\mathbb{Z} = C_0 \cup C_1$, $C_0 \cap C_1 = \emptyset$ を示せ．

(4) 完全代表系を（一つ）求めよ．

- -

解答　(1) $C_0 = \{\, 2n \mid n \in \mathbb{Z} \,\}$, 偶数全体の集合．

(2) $C_1 = \{\, 2n + 1 \mid n \in \mathbb{Z} \,\}$, 奇数全体の集合．

(3) $C_0 \cup C_1 \subset \mathbb{Z}$ は明らかである．$n \in \mathbb{Z}$ とすると，n は偶数または奇数である．よって，$\mathbb{Z} \subset C_0 \cup C_1$ となる．したがって，$\mathbb{Z} = C_0 \cup C_1$. 奇数であり，偶数でもある整数は存在しないので，$C_0 \cap C_1 = \emptyset$.

(4) $\{0, 1\}$.

6.5 | まとめ

　本章では，まず，数の集合における等号関係，大小関係を復習し，そのような関係が二つの集合の直積（集合）の要素を順序対に拡張できることを学んだ．つぎに，集合要素の対応関係を順序対として表現できることを確認し，それを関係とよぶことを学んだ．関係の例としては数の集合における等号や，実数の部分集合における不等号を確認した．二つ以上の n 個の集合の直積や順序対（n 項組）にも，同様に n 項関係を考えることができ，これを活用することでデータベースが構築できることも学んだ．

==== **章末問題** ====

1. $A = \{1, 2, 3, 4, 5, 6\}$ とする．このとき，例にならって，つぎの (1)〜(8) の A 上の関係を外延的記法で書け．

   （例）　$R_0 = \{ (x, y) \mid x = y - 1, x \in A, y \in A \}$

   （解答）　$R_0 = \{(1, 2), (2, 3), (3, 4), (4, 5), (5, 6)\}$

   (1) $R_1 = \{ (x, y) \mid x = y, x \in A, y \in A \}$

   (2) $R_2 = \{ (x, y) \mid x + y = 6, x \in A, y \in A \}$

   (3) $R_3 = \{ (x, y) \mid x - y$ は偶数, $x \in A, y \in A \}$

   (4) $R_4 = \{ (x, y) \mid x - y$ は 3 の倍数, $x \in A, y \in A \}$

   (5) $R_1 \cap R_2$ 　　　　(6) $R_1 \cup R_2$ 　　　　(7) $R_3 \cap R_4$ 　　　　(8) $R_3 \cup R_4$

2. 区別がつくボール a, b, c, d を，区別がつかない箱に分けて入れるとき，分け方は何通りあるか．以下のそれぞれについて答えよ．ただし，どの箱にも少なくとも一つのボールが入っているものとする．

   (1) 一つの箱に分ける場合．

   (2) 二つの箱に分ける場合．

   (3) 三つの箱に分ける場合．

   (4) 四つの箱に分ける場合．

3.* 集合 $\{1, 2, 3, 4\} \subset \mathbb{N}$ 上の同値関係の例を一つ挙げ，その同値関係の同値類をすべて書け．

4.* 以下の問いに答えよ．$\mathbb{Z}$ は整数全体の集合とする．

   (1) 二つの整数 a と b に対して，$a - b$ が 5 の倍数であるときに aRb と定義すれば，関係 R は $\mathbb{Z}$ 上の同値関係であることを示せ．

   (2) 二つの整数 a と b に対して，$a - b$ が奇数であるときに aRb と定義すれば，関係 R は $\mathbb{Z}$ 上の同値関係でないことを示せ．

   (3) f を集合 A から集合 B への写像とする．A の要素 a と b に対して，$f(a) = f(b)$ であるときに aRb と定義すれば，関係 R は A 上の同値関係であることを示せ．

5.* P と Q を集合（A 上の）同値関係とすると，一般に $P \cup Q$ は（A 上の）同値関係にな

らない. そのような例を一つ以上示せ.

n 項関係と関係データベース

　n 項関係をもとに定義されるデータベースを, 関係データベース (relational database, RDB) という. 図 6.7 はその一例である.

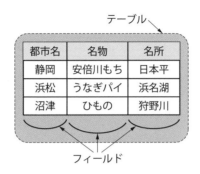

図 6.7 ● 関係データベースの例

　RDB では, 図 6.7 のようにデータをテーブル (table) 単位で取り扱う. テーブルの各列をフィールド (field) とよぶ. 図 6.7 の場合, 各フィールドは左からそれぞれ都市名, 名物, 名所を表現している. これを集合 X_1, X_2, X_3 として表記すると

$$X_1 = \{\, 静岡, 浜松, 沼津 \,\}$$
$$X_2 = \{\, うなぎパイ, 安倍川もち, ひもの \,\}$$
$$X_3 = \{\, 狩野川, 日本平, 浜名湖 \,\}$$

となる. したがって, 図 6.7 は $X_1 \times X_2 \times X_3$ の部分集合, すなわち 3 項関係であり, 以下の R で表される.

$$R = \{(静岡, 安倍川もち, 日本平),$$
$$(浜松, うなぎパイ, 浜名湖),$$
$$(沼津, ひもの, 狩野川) \}$$

関係データベースは通常, 関連するフィールドどうしを複数のテーブルで重複してもち合い, 必要に応じてテーブルを連結してデータの検索・追加・更新・削除を行う.

　上記の例で, 都市名の変更が生じることはめったにないが, 名物や名所は時々変更する必要があるとする. このとき, それぞれ別テーブルにしておいて, 名物や名所は属する都市名の id 番号を振って適宜変更が可能なようにしておくと便利である.

　たとえば, 浜松の名物として「うなぎボーン」を追加したいとする. テーブルが一つのままで名物フィールドに追加すると, これがどこの都市のもので, 名所が何かもわからなくなるため, 都市名も名所もまとめて追加する必要がある (図 6.8(a)).

　しかし，都市，名物，名所をそれぞれ独立のテーブル (city_table, product_table, place_table) に分割し，属する都市の id 番号のみを重複してもつようにすると，追加するのは名物テーブルだけで済む（図 6.8(b)）．

　実際に関係データベースを使用するときには，SQL 言語を使用する．また，複数のテーブルに分割したデータをまとめて扱うことも可能である．その詳細はここでは述べないが，基本的な考え方は本章や集合演算から来ていることを頭の片隅に入れておくと，目にみえないデータベースの扱いが想像しやすくなるであろう．

静岡	安倍川もち	日本平
浜松	うなぎパイ	浜名湖
沼津	ひもの	狩野川
浜松	うなぎボーン	浜名湖	◄―追加分

（a）テーブル分割なし

city_table

id	name
1	静岡
2	浜松
3	沼津

product_table

id	name	city_id
1	安倍川もち	1
2	うなぎパイ	2
3	ひもの	3
4	うなぎボーン	2	◄―追加分

place_table

id	name	city_id
1	日本平	1
2	浜名湖	2
3	狩野川	3

都市の id 番号を重複してもち合う

（b）テーブル分割あり

図 6.8 • データ追加の例

　世の中の物事が数学とは異なり，論理的に予想したとおりに運ばないのは，予期せぬ出来事が必ずどこかで起こるからである．ある人が A という地点から B という地点まで行こうとしても，途中で道がふさがれているかもしれないし，途中でケガをして病院に運ばれるかもしれない．あるいは，天変地異が起こって B 地点そのものが消失するかもしれず，そうそう思ったとおりに物事が運ぶことはない．しかし，数学ではそのような「予期せぬ出来事」は起こらないことになっており，それゆえに，「無限に続く理論体系」の構築が可能になっている．

　コンピュータにおいても，実際はハードウェアの故障だの人間のミスだのソフトウェアのバグだのによって，思ったとおりの操作ができないこともある．それでもそれなりに大量データの処理が可能な機械として認められているのは，数学という理論言語で記述された「無限に続く理論体系」の支えが背景にあり，「予期せぬ出来事」がなければ予想どおりにデータ処理がなされるからである．本章ではこの「無限に続く理論体系」の基礎である，「数学的帰納法」の初歩を学んでいく．

7.1 | 述語と集合

　命題 p は真理値が確定する文であったが，文の中に与える単語を変えることによって真理値が変わる命題もある．たとえば「$x > 0$」という命題は，$x = 1$ であれば真になるが，$x = -3$ であれば偽になる．このように，入力値 x を外部から与えられることによって真理値が変化する命題を述語とよび，写像（関数）と同じ記法を用いて

$$P(x) : 「x > 0」$$

と書く．この場合は $P(1) = \boldsymbol{T}$，$P(-3) = \boldsymbol{F}$ となる．

定義7.1　　述語

　全体集合 U に対して，$x \in U$ を入力値とし，それによって真理値が変化する命題 $P(x)$ を述語（predicate）とよぶ．

例題 7.1

$P(x)$ を「x は偶数である」という述語とする．$x = 4, 11$ の場合，$P(x)$ の真理値はそれぞれどのようになるか．

解答 $P(4) = \boldsymbol{T}$，$P(11) = \boldsymbol{F}$ となる．

このように，$U = \mathbb{N}$ の場合，真の場合もあれば偽の場合も生じる．

さて，集合の内包的記法とは

$$A = \{\, a \mid a \text{ に関する条件} \,\}$$

という形で集合を定義する記法のことであった．したがって，内包的記法の場合，「a に関する条件」とは，全体集合 $U \supset A$ に属する元 $a \in U$ が決まったときに真となる述語にほかならない．つまり，$P(a)$ を「a に関する条件」とすれば

$$A = \{\, a \mid P(a) \,\}$$

と書くことができる．内包的記法とは，集合 A の元であれば真となる述語を用いた，集合の定義方法のことだったのである．

定理 7.1 **和集合・積集合・補集合と論理和・論理積・否定の関係**

全体集合を U とし，$P(x), Q(x)$ を $x \in U$ を入力値とする述語とする．集合 $A, B \subset U$ を

$$A = \{\, a \mid P(a) \,\}$$
$$B = \{\, b \mid Q(b) \,\}$$

とすると

$$A \cup B = \{\, c \mid P(c) \vee Q(c) \,\}$$
$$A \cap B = \{\, c \mid P(c) \wedge Q(c) \,\}$$
$$A^c = \{\, c \mid \neg P(c) \,\}$$

が成立する．

例題 7.2

$U = \{1, 2, 3, 4, 5\}$ とする．述語 $P(x)$, $Q(x)$ をそれぞれ

$$P(x) : \lceil x \text{ は偶数である} \rfloor$$

$$Q(x) : \lceil x \text{ は 3 の倍数である} \rfloor$$

とするとき，つぎの問いに答えよ．

(1) 集合 $A = \{ a \mid P(a) \}$, $B = \{ b \mid Q(b) \}$ を外延的記法で示せ．

(2) $A \cup B$, $A \cap B$, A^c を外延的記法で示せ．

解答 (1) $A = \{ a \mid P(a) \} = \{2, 4\}$, $B = \{ b \mid Q(b) \} = \{3\}$

(2) $A \cup B = \{ c \mid c \text{ は偶数または 3 の倍数} \} = \{2, 3, 4\}$,

$A \cap B = \{ c \mid c \text{ は 6 の倍数} \} = \emptyset$, $A^c = \{ c \mid c \text{ は奇数} \} = \{1, 3, 5\}$

問題 7.1

1. $U = \{ u \mid |u| \leqq 10, u \in \mathbb{Z} \}$ であり，述語 $P(x)$, $Q(y)$ が

$$P(x) : \lceil x \text{ は 3 の倍数である} \rfloor$$

$$Q(y) : \lceil y \text{ は偶数である} \rfloor$$

であるとき，集合 $A = \{ x \mid P(x) \}$, $B = \{ y \mid Q(y) \}$ を外延的記法で示せ．

2. つぎの等式が成立することを証明せよ．

$$(A \cup B)^c = \{ z \mid \neg(P(z) \vee Q(z)) \}$$

$$A^c \cap B^c = \{ z \mid \neg P(z) \wedge \neg Q(z) \}$$

7.2 数学的帰納法（パターン 1）

数学における定理はすべて，「証明」という手続きによって「正しい推論」の結果，定理の結論が真である，ということが示されるものでなければならない．

たとえば，ド・モルガンの定理（定理 4.1）は，

前提	「全体集合を U とし，A, B を集合とする」
結論	$\lceil (A \cup B)^c = A^c \cap B^c \rfloor$
	$\lceil (A \cap B)^c = A^c \cup B^c \rfloor$

という構成になっている．この定理の証明は，前提と結論の間を論理的に「正しい推論」を積み重ねることによって構築された，全体としても「正しい推論」となっている．

この定理に限らず，証明というものは

「前提の命題が真である ⇒ 結論も真」

という，明らかに正しいと認められる「推論」を積み重ねて述べなければならない．

数学的帰納法（mathematical induction）は，入力値を $\mathbb{N}$ の要素とする述語 P が定義されているとき，自然数と同じ個数の無限個の命題 $P(1)$, $P(2)$, ..., $P(n)$, ... を，自動的に証明できる方法のことである．

数学的帰納法にはいくつかバリエーションがあり，本書ではそのうち二つを「パターン 1」「パターン 2」として解説する．

まず一番簡単なパターン 1 の例を，つぎの命題を証明しながらみていくことにしよう．

---

1 以上のすべての $n \in \mathbb{N}$ に対し，

$$1 + 2 + \cdots + n = \frac{n(n+1)}{2} \tag{7.1}$$

という等式が成立する．

述語 $P(n)$ を

$$P(n) : \boxed{\begin{array}{l} \text{ある特定の } n \in \mathbb{N} \text{ に対し，} \\[2mm] \qquad 1 + 2 + \cdots + n = \dfrac{n(n+1)}{2} \\[2mm] \text{という等式が成立する．} \end{array}}$$

とすると，前述の「命題を証明する」ということは，この述語 $P(n)$ を用いて

$$P(1) = \boldsymbol{T},\ P(2) = \boldsymbol{T},\ ...,\ P(n) = \boldsymbol{T},\ ...$$

を証明することと同じことを意味する．

実際に，$P(1)$ と $P(2)$ の場合を計算して確認してみる．

$P(1)$ は

$$P(1) : \boxed{\qquad 1 = \frac{1(1+1)}{2} \qquad}$$

であるので，この等式が成立しているかどうか確認すればよい．実際

$$左辺 = 1$$
$$右辺 = \frac{1(1+1)}{2} = 1$$

となるので，$P(1) = \boldsymbol{T}$ である．

同様にして，$P(2)$ は

$$P(2): \boxed{\quad 1 + 2 = \frac{2(2+1)}{2} \quad}$$

であるので，

$$左辺 = 1 + 2 = 3$$
$$右辺 = \frac{2(2+1)}{2} = \frac{2 \cdot 3}{2} = 3$$

であることから等式が成立し，$P(2) = \boldsymbol{T}$ であることがわかる．

このように，$P(1) = \boldsymbol{T}$, $P(2) = \boldsymbol{T}$ であることが確認できる．しかし，ほかのすべての自然数に対して成立するかどうかは依然として不明なので，無限個の $P(3)$, $P(4)$, ..., $P(n)$, ... をすべて確認しなければならないが，このような直接的な方法では不可能である．したがって，この無限個の命題は「このような手続きを行えば自動的にすべて正しいことがわかる」という別の証明方法をとる必要がある．いまの例の場合は，数学的帰納法を使わずに証明することも可能だが（章末問題参照），数学的帰納法（パターン1）を使う方法で証明してみる．

(Part I) まず，$n = 1$ の場合（$P(1) = \boldsymbol{T}$ を示す）．

$$左辺 = 1$$
$$右辺 = \frac{1(1+1)}{2} = 1$$

したがって，左辺＝右辺より，$P(1) = \boldsymbol{T}$ である．

(Part II) $n = k$ のときに，$P(k) = \boldsymbol{T}$ を「仮定」する．この場合は，

$$1 + 2 + \cdots + k = \frac{k(k+1)}{2}$$

が成立すると仮定する．この時点では，$k = 1$ 以外の場合が正しいかどうかは不明であるので，単なる宣言に過ぎない．

(Part III) Part II で仮定した命題 $P(k)$ を使うと，$P(k+1)=\boldsymbol{T}$ が成立することを証明する．この場合は，$n=k+1$ のとき，

$$1+2+\cdots+(k+1)=\frac{(k+1)(k+2)}{2}$$

という等式が成立することを示せばよい．

$$
\begin{aligned}
左辺 &= \underline{1+2+\cdots+k}+(k+1) \\
&= \underbrace{\frac{k(k+1)}{2}}_{仮定した\ P(k)\ を使用}+(k+1) \\
&= \frac{k^2+k+2k+2}{2}=\frac{k^2+3k+2}{2} \\
&= \frac{(k+1)(k+2)}{2}=右辺
\end{aligned}
$$

以上より，任意の $k\in\mathbb{N}$ に対して，

$$P(k)\Rightarrow P(k+1)$$

が真であることが示されたことになるので，$P(k)=\boldsymbol{T}$ ならば $P(k+1)=\boldsymbol{T}$ である．よって，

(Part I) $P(1)=\boldsymbol{T}$ の証明．

(Part II) $P(k)=\boldsymbol{T}$ と仮定．

(Part III) Part II の仮定の下で，「$P(k)\Rightarrow P(k+1)$」$=\boldsymbol{T}$ の証明．ゆえに，Part II の仮定の下で，$P(k+1)=\boldsymbol{T}$．

が示されたことになる．任意の $k\in\mathbb{N}$ に対して Part III が示されたわけだから，Part I と Part III の組み合わせによって，$P(2)=\boldsymbol{T}$ が自動的にいえる．同様に，$P(3)=\boldsymbol{T}$，$P(4)=\boldsymbol{T},\ldots$ がいえるので，すべての $n\in\mathbb{N}$ に対して $P(n)=\boldsymbol{T}$ が示された．　（証明終）

以上の手続きは，つぎのようにまとめられる．

定理7.2　　数学的帰納法（パターン 1）

自然数を入力値とする無限個の述語

$$P(1),P(2),...,P(n),...$$

が存在するとき，1 以上のすべての $n\in\mathbb{N}$ に対して $P(n)=\boldsymbol{T}$ であることを証

明する手順は下記のようになる.

(Part I) $P(1) = \boldsymbol{T}$ の証明.

(Part II) $P(k) = \boldsymbol{T}$ と仮定.

(Part III) Part II の仮定の下で,「$P(k) \Rightarrow P(k+1)$」$= \boldsymbol{T}$ の証明. ゆえに Part II の仮定の下で, $P(k+1) = \boldsymbol{T}$.

例題 7.3

連続する三つの自然数の 3 乗の和は 9 の倍数であることを, 数学的帰納法（パターン 1）を用いて証明せよ[1].

証明 この問題では述語 $P(n)$ は

$$P(n) : \boxed{\begin{array}{l} n \in \mathbb{N} \text{ に対して} \\[6pt] \qquad n^3 + (n+1)^3 + (n+2)^3 = 9g(n) \\[6pt] \text{と表現できる. ここで, } g(n) \text{ は } n \text{ の関数を意味し,} \\ \text{任意の } n \text{ で整数の値をとる} \end{array}}$$

となる.

(Part I)

$$1^3 + 2^3 + 3^3 = 1 + 8 + 27 = 36 = 9 \times 4$$

で, $g(1) = 4$ とすれば,

$$1^3 + 2^3 + 3^3 = 1 + 8 + 27 = 36 = 9g(1)$$

が成立する.

(Part II) $n = k$ のとき,

$$k^3 + (k+1)^3 + (k+2)^3 = 9g(k)$$

が成立すると仮定する.

(Part III) $n = k + 1$ のとき,

$$\begin{aligned} (k+1)^3 + (k+2)^3 + \underline{(k+3)^3} &= (k+1)^3 + (k+2)^3 + \underline{k^3 + 9k^2 + 27k + 27} \\ &= \underline{\underline{k^3 + (k+1)^3 + (k+2)^3}} + 9k^2 + 27k + 27 \\ &= \underline{9g(k)} + 9k^2 + 27k + 27 \\ &= 9(g(k) + k^2 + 3k + 3) \end{aligned}$$

よって，$g(k+1) = g(k) + k^2 + 3k + 3$ とすれば

$$(k+1)^3 + (k+2)^3 + (k+3)^3 = 9g(k+1)$$

となる.

以上より，すべての $n \in \mathbb{N}$ に対して，$n^3 + (n+1)^3 + (n+2)^3 = 9g(n)$ である.

(証明終)

問題 7.2　つぎの等式を数学的帰納法（パターン 1）を用いて証明せよ.

1. $\displaystyle\sum_{i=1}^{n} 2^{i-1} = 2^n - 1$

2. 定数 $a, r(\neq 1) \in \mathbb{R}$ が与えられたとき，

$$\sum_{i=1}^{n} ar^{i-1} = \frac{a(r^n - 1)}{r - 1}$$

7.3 | 数学的帰納法（パターン 2）

　同じ無限個の述語 $P(1), P(2), ..., P(n), ...$ を証明するにしても，先の帰納法（パターン 1）では証明できず，k 個の $P(1) = \boldsymbol{T}, P(2) = \boldsymbol{T}, ..., P(k) = \boldsymbol{T}$ をすべて仮定した上で，初めて $P(k+1) = \boldsymbol{T}$ が証明できる問題もある. このような場合に使用されるのが数学的帰納法（パターン 2）である.

定理7.3　　**数学的帰納法（パターン 2）**

　自然数を入力値とする無限個の述語

$$P(1), P(2), ..., P(n)$$

が存在するとき，すべての $n \in \mathbb{N}$ に対して $P(n) = \boldsymbol{T}$ であることを証明する手順は，つぎのようになる.

(Part I) $P(1) = \boldsymbol{T}$ の証明.

(Part II) $1 \leqq k' \leqq k$ なるすべての $k' \in \mathbb{N}$ に対して，$P(k') = \boldsymbol{T}$ を仮定する.

(Part III) Part II の仮定の下で，$1 \leqq k' \leqq k+1$ なるすべての $k' \in \mathbb{N}$ に対して，「$P(1) \wedge P(2) \wedge \cdots \wedge P(k) \Rightarrow P(k+1)$」$= \boldsymbol{T}$ の証明. ゆえに，Part II の仮定の下で，$P(k+1) = \boldsymbol{T}$.

[例] 数列 $a_1, a_2, ..., a_n, ...$ を

$$a_1 = 1$$

$$a_n = \sum_{i=1}^{n-1} a_i + 1 \quad (n \geqq 2)$$

としてつくるものとする．このとき，

$$a_n = 2^{n-1}$$

が成立することを，数学的帰納法（パターン 2）を用いて証明する．

(Part I) $n = 1$ のとき

$$a_1 = 1$$

である．また，

$$2^{1-1} = 2^0 = 1$$

であるから，$n = 1$ のとき

$$a_1 = 2^{1-1}$$

は成立する．

(Part II) $1 \leqq k' \leqq k$ なるすべての $k' \in \mathbb{N}$ に対して

$$a_{k'} = 2^{k'-1}$$

が成立すると仮定する．

(Part III) $1 \leqq k' \leqq k+1$ に対しても $a_{k'} = 2^{k'-1}$ が成立することを示す．仮定より，$1 \leqq k' \leqq k$ に対しては $a_{k'} = 2^{k'-1}$ が成立しているので，$a_{k+1} = 2^{(k+1)-1}$ のみを示せばよい．

$$a_{k+1} = \sum_{i=1}^{(k+1)-1} a_i + 1$$

$$= \sum_{\underline{i=1}}^{k} a_i + 1$$

$$= \underbrace{\sum_{i=1}^{k} 2^{i-1}}_{\text{(Part II) の仮定より}} + 1$$

$$= \frac{2^k - 1}{2 - 1} + 1 \quad （等比数列の和（問題 7.2）より）$$

$$= (2^k - 1) + 1 = 2^k = 2^{(k+1)-1}$$

以上より，すべての $n \in \mathbb{N}$ に対して $a_n = 2^{n-1}$ である．

7.4 │ 発展：ハノイの塔問題

数学的帰納法（パターン 2）の応用として，パズル問題として有名な「ハノイの塔問題（Tower of Hanoi）」が解けることを証明しよう．

例題7.4　　ハノイの塔問題

中心に穴の開いた n 枚の円盤 $C_1, C_2,..., C_n$ が，3 本の棒 b_1, b_2, b_3 のうち b_1 に刺さっているとする．ここで，円盤の半径は C_1 が一番小さく，C_n が一番大きく，添え字の順に徐々に大きくなっているものとする．この n 枚の円盤をすべて棒 b_3 へ移動したい．その手順を求めよ．ただし，移動に際しては

- 円盤 $C_1, C_2,..., C_n$ は必ず棒 b_1, b_2, b_3 のどれかに刺さっている
- 大きい円盤の上に小さい円盤が乗っている
- 円盤は 1 枚ずつ，各棒の 1 番上のものしか移動できない

という条件をすべて満足しなければならない．

解答　$n = 3$ のときのハノイの塔を図にすると

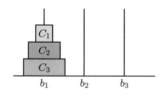

となる．

一度にこの問題を解くのではなく，円盤が 1 枚のときと 2 枚のときにどのように解けるかを先に考えよう．

まず，円盤が 1 枚だけのときは，

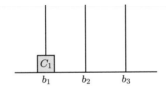

という状態であるが，これを解くのは容易であり，

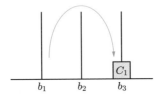

とすればよい.

円盤が 2 枚のときは

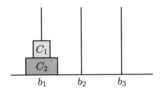

という問題になる. 少し複雑ではあるが，円盤を 1 枚ずつ移動すればよいのだから，

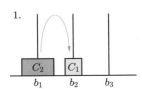 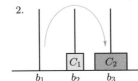 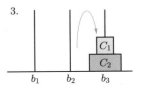

という手順でよい.

では，円盤 3 枚のときはどうすればよいか. 考え方としては，円盤が 2 枚以下の場合は，ほかの棒に移動することができるのはすでに明らかであるから，

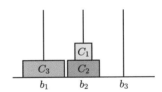

という形にできれば

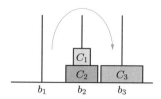

として

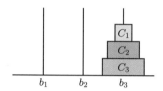

とすればよいことになる．これを詳細に述べると，次図のように

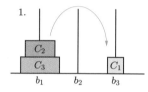

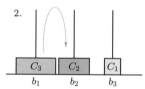

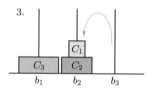

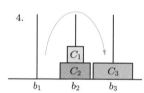

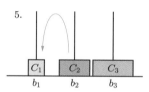

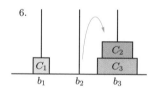

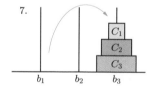

1. C_1 を b_3 へ移動

2. C_2 を b_2 へ移動

3. C_1 を b_2 へ移動（C_1, C_2 が b_1 から b_2 へ移動）

4. C_3 を b_3 へ移動（C_3 が b_3 へ移動）

5. C_1 を b_1 へ移動

6. C_2 を b_3 へ移動

7. C_1 を b_3 へ移動（C_1, C_2 が b_2 から b_3 へ移動）

という手順となる.

ゆえに，$n > 3$ 枚の場合も，帰納法（パターン 2）によって，

（Ⅰ）C_1 から C_{n-1} までの $n-1$ 枚の円盤を b_1 から b_2 に移動する

（Ⅱ）C_n を b_1 から b_3 へ移動する

（Ⅲ）C_1 から C_{n-1} までの $n-1$ 枚の円盤を b_2 から b_3 に移動する

として解くことができることが示される.

問題 7.3　円盤が 4 枚になった場合の，ハノイの塔問題を解く手順を書け.

7.5 まとめ

本章では述語を定義し，述語から生成される無限個の命題を自動的に証明する数学的帰納法を学んだ. この応用として，ハノイの塔問題を解く手順も確認した.

=== 章末問題 ===

1. つぎの等式を帰納法（パターン 1）で証明せよ.

$$1^2 + 2^2 + 3^2 + \cdots + n^2 = \frac{n(n+1)(2n+1)}{6}$$

2.* ハノイの塔問題について，つぎの問いに答えよ.

(1) 円盤が n 枚のとき，ハノイの塔問題を解くためには最低何回の円盤の移動が必要か.

(2) 円盤の枚数 n が偶数のときと奇数のとき，最初に移動する C_1 は棒 b_2 に移動すべきか，それとも b_3 に移動すべきか答えよ. また，そうなる理由も述べよ.

3. つぎのことがらを帰納法（パターン 1）で証明せよ.

(1) 初項（第 1 項）1, 公差 4 の等差数列の第 n 項（$n \geqq 1$）までの和 S_n は，$S_n = 2n^2 - n$ である.

(2) 初項（第 1 項）1, 公比 2 の等比数列の第 n 項（$n \geqq 1$）までの和 S_n は，$S_n = 2^n - 1$ である.

(3) 漸化式 $a_{i+1} = 3a_i + 2$, $a_1 = 2$ で定められる数列の第 n 項（$n \geqq 1$）は，$3^n - 1$ である.

4. 等式

$$\sum_{i=1}^{n} i = \frac{n(n+1)}{2}$$

を数学的帰納法を用いずに証明してみよ.

[**ヒント**] $S_n = 1 + 2 + \cdots + n$ として，このとき，

$$S_n = 1 + \quad 2 \quad + \cdots + n$$

$$\underline{+)\ S_n = n + (n-1) + \cdots + 1}$$

$$2S_n = \underbrace{(1+n) + (1+n) + \cdots + (1+n)}_{1+n\ \text{が}\ n\ \text{個}} = n(n+1)$$

となることを利用せよ．

Column　帰納法と関数の再帰呼び出し

　帰納法は，一つの述語から生成される無限個の命題を自動的に証明する「手続き」のことである．ハノイの塔問題も，$n-1$ 枚の円盤を b_1 から b_2 へ移動することが可能であれば必ず解ける，ということを示すだけで，枚数にかかわらず必ず解けるということが「自動的に」証明される問題であった．これをコンピュータに「手続き」＝アルゴリズムとして教え込もうとすると，その「指令書」＝プログラムはつぎのようになる[5].

```cpp
 1: #include <iostream>
 2:
 3: void solve_hanoi(int n, int b_start, int b_end)
 4: {
 5:   if(n <= 0){
 6:     cout << "移動の必要はありません" << endl;
 7:     return;
 8:   }
 9:
10:   if(n > 1) solve_hanoi(n - 1, b_start, 6 - b_start - b_end);
11:
12:   cout << "C_" << n << " を b_" << b_start << " -> b_" << b_end << endl;
13:
14:   if(n > 1) solve_hanoi(n - 1, 6 - b_start - b_end, b_end);
15:
16:   return;
17: }
18:
19: int main(void)
20: {
21:   int n;
22:
23:   cout << "円盤の枚数？：" << endl;
24:   cin >> n;
25:
26:   solve_hanoi(n, 1, 3);
27:
28:   return 0;
```

```
29: }
```

　3行目から17行目までの solve_hanoi 関数の定義の中で，先述したハノイの塔の移動方法を実現している．10行目から14行目で自分自身を呼び出し，円盤の移動方法を画面に出力するようになっている．このような方法を，関数の再帰呼び出し（recursive function call）とよぶ．帰納法（パターン2）の手続きと同じ構造でプログラムが記述されていることがわかるだろう．

　数学における考え方，論証の方法は，このようにプログラムを通じてコンピュータを操作する際に役に立つものなのである．

大量のデータを扱う際には，何かしらの手掛かりが必要となる．数学的にいうと，大量のデータのかたまりは集合であり，手掛かりとは，集合の要素（元）どうしの関係性，つまり「つながり」があるかどうか，ということになる．集合の要素どうしの関係性を示すものとしては関係（第6章）があるが，これは要素から要素への「方向」をもつ「つながり」を示したものであり，2項関係は点と矢印からなる「有向グラフ」であるということは6.3節ですでに示した．これに対し，単なる要素どうしの「つながり」だけを知りたいケースもあり，これは矢印なしの「無向グラフ」として表現できる．本章では，この要素の「つながり」を数学的に表現したグラフ（graph）の用語と応用事例を示す．

8.1 | グラフの考え方と事例

グラフ理論は，数理，物理，情報，電気，経済，社会，心理などの分野で広く応用されている．情報処理では，探索，整列，組合せ最適化等の問題を解くのに有効である．大規模なグラフの探索はスーパーコンピュータの高速さを競うためにも利用されている．

グラフは，点を線分（または矢印）で結んだ図形と考えることができる．ここでは具体例に基づいてグラフの「見方」を示す．

● **新幹線の路線図** 図8.1に示すのは，日本の新幹線の路線図である．駅を点とし，線路を線分で結んだ路線図もグラフの一つの例である．

駅は点で表され，隣り合う駅どうしは線分で結ばれている．隣り合わない二つの駅は線分で結ばれていない．そして，このグラフは107個の点（駅）と106個の線分から構成される無向グラフである．

この無向グラフの特徴としては

- 連結…隣り合わない駅でもいくつかの駅を経由してたどり着くことができる
- 無閉路…山手線のように循環する区間がない

ということが挙げられる．このような連結かつ無閉路グラフは木（tree）とよばれ，計

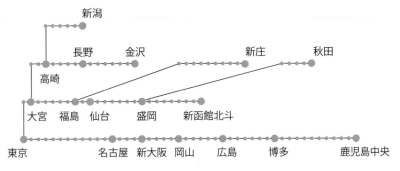

図 8.1 ● グラフの例：新幹線の路線図

算機で処理しやすいデータ表現である．ここで使用した用語は次節以降で解説する．

● ケーニヒスベルクの七つの橋問題　18 世紀の数学者オイラーは，つぎのような問題を考えた．

図 8.2 の左図に示すように，ケーニヒスベルク（Königsberg，現カリーニングラード）の中心部を流れる川の中州に七つの橋が架かっているものとする．このとき，a〜d のいずれかの地点から出発し，すべての橋を 1 回だけ通過して戻ってくることは可能か？ つまり，これを図 8.2 の右図のように無向グラフ G_{E_0} として表現したときに一筆書きができるか？ という問いである．

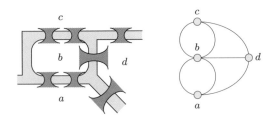

図 8.2 ● ケーニヒスベルクの七つの橋問題：G_{E_0}

後述するように，定理 8.1 より，これは不可能である．無向グラフとしてシンプルに表現することで，一筆書き可能かどうかは機械的に判別することができる．

8.2 グラフの基本用語

グラフには，図 8.3 のように，(a) 辺に向きのない（線分で描かれる）無向グラフと (b) 辺に向きのある（矢印で描かれる）有向グラフがある．

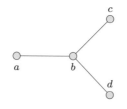
（a）無向グラフ $G = (V, E)$

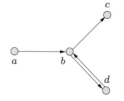
（b）有向グラフ $G' = (V, E')$

図 8.3 ● 無向グラフと有向グラフ

定義8.1　　**グラフ，節点，辺，無向グラフ，有向グラフ，部分グラフ**

　グラフ（graph）$G = (V, E)$ は，節点，頂点または点（vertex, node）の空でない集合 V，辺（edge, arc）の集合 E の順序対である．このとき，V を G の節点集合といい，$V(G)$ と表し，E を G の辺集合といい，$E(G)$ と表す．

　辺が，節点 2 要素からなる集合 $\{u, v\}$ で表されるとき，G は無向グラフ（undirected graph）であるという．

　辺が順序対 (u, v) で表されるとき，G は有向グラフ（directed graph）であるという．

　グラフ G からいくつかの節点と辺を除去して得られるグラフを，G の部分グラフ（subgraph）という．

　上記 V と E は特に断りのない限り有限集合とする．また，節点 u と節点 v を結ぶ辺を単に uv と略記する．ただし，無向グラフでは $uv = \{u, v\}$ を意味するので，集合としては $\{u, v\} = \{v, u\}$ であることから，節点を逆にして vu と書いても同じ節点を結ぶ辺を意味する．有向グラフでは $uv = (u, v)$ であるから，$vu = (v, u)$ となり，順序対としては $(u, v) \neq (v, u)$ であり，辺としても矢印の向きが逆になることから，$uv \neq vu$ となることに注意する．

　同一の節点 v を結ぶ辺 vv をループ（loop）とよぶ．また，同一の 2 節点 u, v 間の辺が二つ以上存在する場合は多重辺（multiple edge）をもつという．u, v 間に多重辺 uv が存在する場合は，それぞれの辺を $e_1 = uv$, $e_2 = uv$ のように辺集合 E の要素としては区別し，異なる辺として扱う．ループや多重辺のないグラフを単純グラフ（simple graph）とよぶ．

　図 8.3(a) の $G = (V, E)$ は無向グラフであり，$V = \{a, b, c, d\}$，$E = \{\{a, b\}, \{b, c\}, \{b, d\}\} = \{ab, bc, bd\}$ である．一方，図 (b) の $G' = (V, E')$ は有向グラフであり，$E' = \{(a, b), (b, c), (b, d), (d, b)\} = \{ab, bc, bd, db\}$ である．db と bd は異なる辺であることに注意せよ．

定義8.2　端点，隣接，接続

$e = uv \in E$ であるとき，u と v は辺 e の端点という．異なる節点 u と v が，同じ辺 e の端点であるとき，u と v は隣接（adjacent）するという．また，u（同様に v）は e に接続（incident）する，e は u（同様に v）に**接続**する，という．

定義8.3　次数，出次数，入次数

グラフ G の節点 v に接続する辺の個数を次数（degree）といい，$\deg_G(v)$ または G が明らかなときには単に $\deg(v)$ と表す．特に，G が有向グラフのとき，節点 v へ入る辺の個数を入次数（in-degree）といい，$\deg_G^-(v)$ または $\deg^-(v)$ と表す．節点 v から出る辺の個数を出次数（out-degree）といい，$\deg_G^+(v)$ または $\deg^+(v)$ と表す．明らかに $\deg(v) = \deg^+(v) + \deg^-(v)$ である．

図 8.3(a) の無向グラフ G では，$\deg(a) = \deg(c) = \deg(d) = 1$，$\deg(b) = 3$ である．図 (b) の有向グラフ G' では，入次数はそれぞれ $\deg^-(a) = 0$, $\deg^-(b) = 2$, $\deg^-(c) = \deg^-(d) = 1$ であり，出次数はそれぞれ $\deg^+(a) = \deg^+(d) = 1$, $\deg^+(b) = 2$, $\deg^+(c) = 0$ である．

例題8.1

下記のグラフ G_1, G_2 に対して，(1)〜(4) に答えよ．

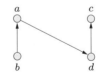

無向グラフ $G_1 = (V_1, E_1)$　　　有向グラフ $G_2 = (V_2, E_2)$

(1) 無向グラフ $G_1 = (V_1, E_1)$ において，節点集合 V_1 と辺集合 E_1 を求めよ．

(2) 有向グラフ $G_2 = (V_2, E_2)$ において，節点集合 V_2 と辺集合 E_2 を求めよ．

(3) 有向グラフ $G_3 = (\{a,b,c\}, \{(a,b),(a,c),(b,c)\})$ を点と矢印で表せ．

(4) 無向グラフ $G_4 = (\{a,b,c\}, \{\{a,b\},\{a,d\},\{c,b\},\{c,d\}\})$ を点と線分で表せ．

解答

(1) $V_1 = \{a,b,c\}$, $E_1 = \{\{a,b\},\{a,c\},\{b,c\}\}$.

(2) $V_2 = \{a,b,c,d\}$, $E_2 = \{(a,d),(b,a),(c,b),(d,c)\}$.

（3）有向グラフ G_3　　　（4）無向グラフ G_4

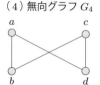

問題 8.1　　節点集合 V と辺集合 E が，それぞれつぎのように与えられているものとする．

$$V = \{a, b, c, d\}, \quad E = \{ab, bb, bc, ca, da\}$$

このとき，つぎの問いに答えよ．

1. 無向グラフ $G_u = (V, E)$ を描け．
2. 有向グラフ $G_d = (V, E)$ を描け．なおループは右回りでも左回りでも同じとみなす．

8.3 | 小道，道，閉路，サイクル

　ここでは，グラフにおける辺のつながり方を定義する小道，道，閉路という考え方を，具体例と共に示す．

定義8.4　　**小道，道，長さ，始点，終点**

　無向または有向グラフ $G = (V, E)$ において，節点の有限列 $P = v_0 v_1 \cdots v_n$ について，P を構成する n 本の辺 $e_1 = v_0 v_1$, $e_2 = v_1 v_2$, $\cdots$, $e_n = v_{n-1} v_n$ がすべて異なる E の要素となるとき，この列 P を（G の）$v_0 v_n$ 小道または単に小道（trail）という．また，n を小道 P の長さ（length），v_0 を小道 P の始点（initial vertex），v_n を小道 P の終点（terminal vertex）という．さらに，小道 P が $v_i \neq v_j$ $(0 \leqq i < j \leqq n$ かつ $(i, j) \neq (0, n))$ $(v_0 = v_n$ であってもよい）を満たすとき，P を（G の）道（path）という．

　図 8.4 の無向グラフ G_{u_1} と有向グラフ G_{d_1} を例に，小道と道について考えることにする．どちらも同じ節点集合 $V = \{a, b, c, d, e\}$ をもち，ループは存在する $(aa \in E_{u_1}, E_{d_1})$ が，多重辺はどちらのグラフにも存在しない．このとき，接点の有限列 $P_1 = aabcde$, $P_2 = aadbc$, $P_3 = adbe$ を考える．

　たとえば，G_{u_1} においては，P_1 は，$ab, cd, de \notin E_{u_1}$ であるために小道ではないが，P_2, P_3 はそれぞれ ac 小道，ae 小道である．そして，P_2 は $a = a$ であるために道で

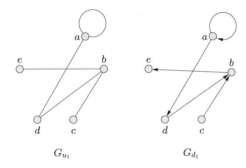

図 8.4 ● 無向グラフ $G_{u_1} = (V, E_{u_1})$ と有向グラフ $G_{d_1} = (V, E_{d_1})$

はないが, P_3 は道である. P_2 の長さは 4, P_3 の長さは 3 になる.

同様に, G_{d_1} においては, P_1 は小道ではない. P_2 は $cb \in E_{d_1}$ であるが, $bc \notin E_{d_1}$ であるために小道ではない. P_3 は長さ 3 の ae 小道になり, 同時に道になっていることもわかる.

定義8.5	閉路, サイクル, 無閉路グラフ

$P = v_0 v_1 \cdots v_n$ をグラフ G の小道とする. $v_0 = v_n$ ならば, P を閉路 (circuit) という. 閉路 P が道であるとき, P を基本閉路またはサイクル (cycle) という. 閉路をもつグラフを有閉路グラフ (cyclic graph), そうでないグラフを無閉路グラフ (acyclic graph) という.

図 8.5 の G_5 において, $abcd$ は長さ 3 の (小) 道であり, $abcab$ は小道ではない (辺 ab を 2 回通る). また, $abcedca$ は長さ 6 の閉路あり, $abca$ と $cdec$ はともに長さ 3 のサイクルである. G_6 において, abd は長さ 2 の道であり, $abda$ は道ではない (da は辺でない). また, $abdca$ はサイクルである.

「連結」の定義は無向グラフと有向グラフで異なるので注意を要する. 次の定義 8.6 でその違いを確認しよう.

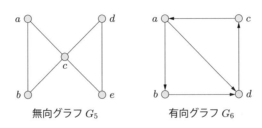

無向グラフ G_5 有向グラフ G_6

図 8.5 ● 閉路をもつグラフの例

定義8.6   連結，強連結

　無向グラフ G の任意の異なる 2 節点 u と v に対して uv 小道が存在するとき，G は連結（connected）であるという．

　有向グラフ G の任意の異なる節点 u と v に対して uv 小道が存在するとき，G は強連結（strongly connected）であるという．有向グラフ $G = (V, E)$ から辺の向きを無視して得られる無向グラフ (V, E^*) が連結であるとき，G は連結であるという．

　図 8.6 の G_7 は連結でないグラフである．ae 小道が存在しないからである．有向グラフ G_8 は連結である．しかし，ad 小道が存在しないから強連結ではない．

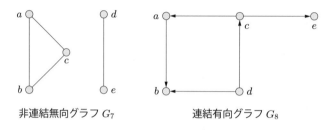

非連結無向グラフ G_7 　　　　　　連結有向グラフ G_8

図 8.6 ● 非連結と連結グラフの例

問題8.2　$V = \{a, b, c, d\}$ を節点集合とする無向グラフ G_u と有向グラフ G_d を考える．

1. G_u が連結になる例を一つ以上求めよ．またそのときの図を描け．
2. G_d が強連結になる例を一つ以上求めよ．またそのときの図を描け．

8.4 ｜ 一筆書きできる？ できない？

　ここでは，連結グラフが一筆書きできるかどうかを判別するための，オイラーが証明した定理を解説する．そのために必要となる概念としてオイラー小道，オイラー閉路を定義する．

定義8.7   オイラー小道，オイラー閉路

　連結グラフ G において，G のすべての辺をちょうど 1 回ずつ通る小道をオイラー小道（Euler trail）という．特に，閉路であるオイラー小道をオイラー閉路（Euler circuit）という．

図 8.5 の G_5 の小道 $abcdeca$ はオイラー閉路であり，G_6 の小道 $abdcad$ はオイラー小道である（オイラー閉路ではない）．図 8.6 の G_7 と G_8 は，ともにオイラー小道をもたない．

一筆書き可能であることは，オイラー小道をもつ連結グラフであることにほかならない．つぎに，一筆書きの定理を，証明なしで結果だけ紹介する．

無向連結グラフ G が一筆書き可能であるための必要十分条件は，次数が奇数の節点の個数 m が 0 または 2 である．特に，$m = 0$ のときは，オイラー閉路をもつ．

したがって，ケーニヒスベルクの七つの橋問題（図 8.2）は，四つの節点の次数が $\deg_{G_{E_0}}(a) = \deg_{G_{E_0}}(c) = \deg_{G_{E_0}}(d) = 3$，$\deg_{G_{E_0}}(b) = 5$ であるから，これは一筆書きできないが，図 8.5 の G_5 の節点 a, b, c, d, e のそれぞれの次数は $\deg_{G_5}(a) = \deg_{G_5}(b) = \deg_{G_5}(d) = \deg_{G_5}(e) = 2$, $\deg_{G_5}(c) = 4$ であるから，一筆書き可能である．

一筆書きできるかどうかは，任意の節点から出発し，たどった辺を除去していくことで確認できる．これをフラーリー（Fleury）のアルゴリズムとよぶ．

たとえば，図 8.2 のグラフを $G_{E_0} = (V, E_0)$ とする．ここで $V = \{a, b, c, d\}$，$E_0 = \{e_1, e_2, e_3, e_4, e_5, e_6, e_7\}$ である．この場合，これをフラーリーのアルゴリズムで頑張って多くの辺を除去しようとすると，たとえば図 8.7 のようになる．

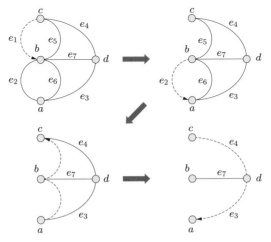

図 8.7 ● フラーリーのアルゴリズム適用例

この場合,

$$c \xrightarrow[e_1]{} b \xrightarrow[e_2]{} a \xrightarrow[e_6]{} b \xrightarrow[e_5]{} c \xrightarrow[e_4]{} d \xrightarrow[e_3]{} a$$

とたどっているが，e_7 が取り残されている．このグラフ G_{E_0} は四つの点で次数が奇数であるので，かならず 1 辺以上残ってしまうことになる．

では，辺の数を減らした図 8.8 に示す G_{E_1} と G_{E_2} の場合はどうなるだろうか？

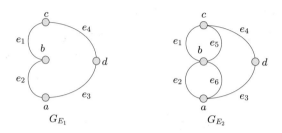

図 8.8 • $G_{E_1} = (V, E_0 - \{e_5, e_6, e_7\})$ と $G_{E_2} = (V, E_0 - \{e_7\})$

G_{E_1} の場合はすべての次数が 2 となり，オイラー閉路になっていることが一目瞭然である．それに対し，G_{E_2} の場合は，$\deg_{G_{E_2}}(a) = \deg_{G_{E_2}}(c) = 3$, $\deg_{G_{E_2}}(b) = 4$, $\deg_{G_{E_2}}(d) = 2$ であるので，オイラー小道は存在するが，閉路にはならず，一筆書きしたときに始点と終点が異なる．

つぎに，有向グラフについての結果を述べる前に，記号を導入する．節点 v の出次数と入次数の差を $\delta(v) = \deg^+(v) - \deg^-(v)$ で表す．

定理8.2　　**有向グラフの一筆書き可能性**

有向連結グラフが一筆書き可能であるための必要十分条件は，つぎの (1) か (2) のいずれかを満たすことである．

(1) ［オイラー閉路］　任意の節点 v について $\delta(v) = 0$.

(2) ［(閉路でない) オイラー小道］　$\delta(s) = 1$ と $\delta(t) = -1$ となる節点 s と t が一つずつ存在し，その他の任意の節点 v は $\delta(v) = 0$ を満たす．

図 8.5 の G_6 の節点 a, b, c, d における出次数 − 入次数の値は，

$$\delta(a) = \deg^+(a) - \deg^-(a) = 2 - 1 = 1$$

$$\delta(b) = 1 - 1 = 0$$

$$\delta(c) = 1 - 1 = 0$$

$$\delta(d) = 1 - 2 = -1$$

であるから，一筆書き可能である．

問題 8.3　フラーリーのアルゴリズムを用いて，下記のグラフの一筆書きの手順を示せ．

1. 図 8.8 の G_{E_2}
2. 図 8.5 の G_6

8.5 | 木，二分木

木はデータ処理に向いている単純化されたグラフである．根付き木 T は，ファイルシステム，トーナメント表，家系図などにみられる．二分木は探索，整列などに適したデータ構造である．

定義 8.8　　木，有向木

G が無閉路かつ連結グラフであるとき，G を木（tree）という．特に，有向グラフ G が木であるとき，G を有向木（directed tree）という．

たとえば 4 節点からなる有向木として，図 8.9 のようなものが考えられる．

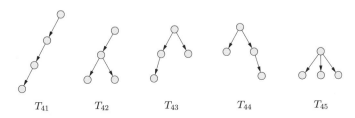

図 8.9 ● 4 節点木の例: $T_{41}, T_{42}, T_{43}, T_{44}, T_{45}$

定義 8.9　　根付き木，二分木

有向木 $T = (V, E)$ が一つの節点 $r \in V$ について入次数が 0 であり，その他の各 $v \in V - \{r\}$ について入次数が 1 であるとき，T を根付き木（rooted tree）といい，r を根（root）という（図 8.10）．各節点の出次数が高々 2 である根付き木のことを二分木（binary tree）という．

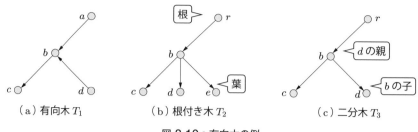

（a）有向木 T_1　　　　（b）根付き木 T_2　　　　（c）二分木 T_3

図 8.10 • 有向木の例

図 8.10 の根付き木の辺 bd について，b は d の親（節点），d は b の子（節点）という．出次数が 0 の節点は葉（leaf）といい，子節点をもたない．第一子，第二子，…のように子節点に順序がついている根付き木を，順序木とよぶことがある．

定義8.10　　全域木

　　連結グラフ G に対しては，いくつかの辺を取り除くことで，必ず木にすることができる．特に，すべての節点を含んだ木になるとき，これを G の全域木（spanning tree）とよぶ．

たとえば G_{E_0} の全域木として，図 8.11 のようなものが考えられる．

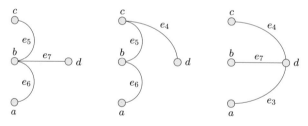

図 8.11 • G_{E_0} の全域木例

全域木の応用例としては，有線コンピュータネットワーク（ethernet）におけるスパニングツリープロトコル（spanning tree protocol, STP）がある．閉路になるように，STP をサポートするスイッチングハブを結線しても，適度に無効化して自動的に全域木を生成し，どのスイッチングハブに対してもパケットの通り道を一つに定めることができるようになる．

問題8.4　つぎの問いに答えよ．

1. 図 8.9 のうち，2 分木はどれか？

2. G_5 の全域木の例を二つ以上つくれ．

8.6 発展：グラフと隣接行列

すでに述べたように，グラフは「関係性」を数学的に表現したものなので，たとえば

- **全点対最短経路問題** すべての都市に対して，たがいの最短ルートの長さを求める
- **Web ページ重要度の計算** 膨大な Web ページのリンク関係をグラフ化することで評価の高い（多くの人がたどりつく可能性の高い）ページはどこかを調べる

といった現実的，かつ，大規模な問題に対して利用される．となれば当然コンピュータを使った「計算」によって問題を解く必要があるわけだが，そのためにはグラフをコンピュータに扱いやすいよう数値化しておく必要がある．そのための有用な手段の一つが，グラフを行列として扱う技法である．行列（matrix）は線形代数で扱う題材であるので，詳細は数多くある線形代数の教科書に譲るとして，ここでは必要最小限の用語解説と結果についてのみ示す．

定義8.11 行列とベクトル

$n \in \mathbb{N}$ に対して $n \times n$ 行列，もしくは n 次正方行列（square matrix）は，図 8.12(a) のように，要素 $a_{ij} \in \mathbb{R}$ が正方形の形に並んだものを括弧でくくって表現する．同様に n 次元ベクトル（vector）とは，図 8.12(b) のように，縦に要素 x_i を並べて括弧でくくって表現する．また，ベクトルの転置（transpose）を $\mathbf{x}^T$ と表現し，要素を横に並べて括弧をつけたもの

$$\mathbf{x}^T = [x_1\ x_2\ \cdots\ x_n]$$

として扱う．横に並んだベクトル $\mathbf{x}^T = [x_1 \cdots x_n]$ の転置は，縦に並べたものとする．行列の転置 A^T は，対角要素を軸に要素を入れ替えたもの，すなわち a_{ji} が i 行 j 列目の要素になったものとする．

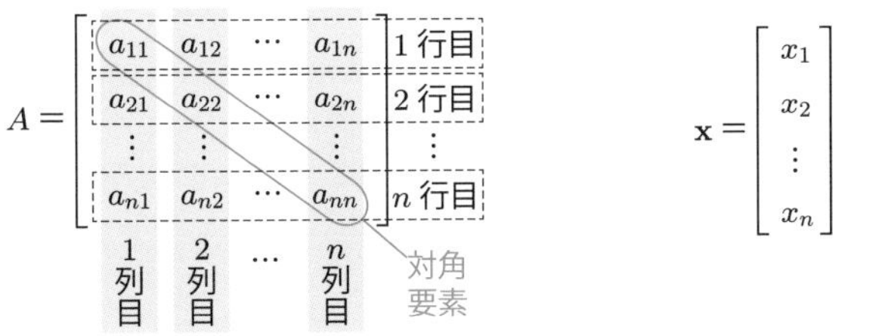

$$A = \begin{bmatrix} a_{11} & a_{12} & \cdots & a_{1n} \\ a_{21} & a_{22} & \cdots & a_{2n} \\ \vdots & \vdots & & \vdots \\ a_{n1} & a_{n2} & \cdots & a_{nn} \end{bmatrix} \qquad \mathbf{x} = \begin{bmatrix} x_1 \\ x_2 \\ \vdots \\ x_n \end{bmatrix}$$

（a）行列 A　（b）ベクトル $\mathbf{x}$

図 8.12 • 行列とベクトル

また，同じ大きさのベクトルどうし，行列どうしの加減算は，対応する要素どうしの加減算を行って求める．行列 A とベクトル $\mathbf{x}$ の乗算は

$$A\mathbf{x} = \left[\sum_{j=1}^{n} a_{1j}x_j \quad \sum_{j=1}^{n} a_{2j}x_j \quad \cdots \quad \sum_{j=1}^{n} a_{nj}x_j \right]^T \tag{8.1}$$

と定義する．

●**隣接行列のつくり方**　グラフを行列として表現したものを隣接行列（adjacency matrix）とよぶ．たとえば，有向グラフ G に対する隣接行列 A は，

となる．ここで A の第 i 行（横の並びを上から第1行目，第2行目とよぶ），第 j 列目（縦の並びを左から順に第1列，第2列とよぶ）の成分 a_{ij}（第 ij 成分）は

$$a_{ij} := \begin{cases} 1 & (\text{辺 } v_iv_j \text{が存在する}) \\ 0 & (\text{辺 } v_iv_j \text{が存在しない}) \end{cases}$$

として定められる．このようにグラフ G を隣接行列 A として表現すると，たとえば v_i の入次数 $\deg^-(v_i)$，出次数 $\deg^+(v_i)$ は

$$\deg^-(v_i) = \sum_{j=1}^{n} a_{ji}, \ \deg^+(v_i) = \sum_{i=1}^{n} a_{ij}$$

として自動的に計算することができる．この例では $\deg^-(v_1) = 1$, $\deg^+(v_1) = 2$ である．

また，v_i から v_j への小道が存在するかどうかも，行列 A とベクトル $\mathbf{x}_i$（i 番目の成分のみ 1，ほかは 0）との乗算を取ることで判別することができる．実際，v_1 からほかの任意の節点 v_i への小道が存在することは，$\mathbf{x}_1 = [1\,0\,0\,0\,0]^T$ を用いて

$$A^T\mathbf{x}_1 = [0\,1\,0\,1\,0]^T, A^T(A^T\mathbf{x}_1) = (A^T)^2\mathbf{x}_1 = [0\,0\,1\,1\,1]^T, ...,$$

となり，ある m で $\sum_{k=1}^{m}(A^T)^k\mathbf{x}_1$ の成分はすべて非ゼロになることでわかる．その他の節点についても同様のことがいえるので，G は強連結であることが判明する訳である．

このようにグラフを隣接行列として表現できると，コンピュータでも計算しやすい形になり，線形代数の問題として解くことができるようになる．

● **ワーシャル・フロイド法**　先に挙げた全点対最短経路問題は，ワーシャル・フロイド（Warshall-Floyde）法というアルゴリズムとして実現できる．ここでは詳細は述べないが，ワーシャル・フロイド法を使って，隣接行列 A から次式のような行列 D が求められる．

$$A \Longrightarrow D = \begin{bmatrix} 0 & 1 & 2 & 1 & 2 \\ 3 & 0 & 1 & 1 & 2 \\ 3 & 4 & 0 & 1 & 2 \\ 2 & 3 & 4 & 0 & 1 \\ 1 & 2 & 3 & 1 & 0 \end{bmatrix} \tag{8.2}$$

この行列 D の要素 d_{ij} は v_i から v_j への最短経路の長さを表しており，図 8.13 をみると確かにそのようになっていることがわかる．

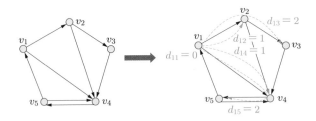

図 8.13 ● ワーシャル・フロイド法による最短経路の計算

● **確率遷移行列と固有値・固有ベクトル**　Web ページの重要度を求める問題は，隣接行列を確率遷移行列 M に変換し，この M の絶対値最大固有値 1 に対応する固有ベクトルを求める問題に帰着できる．隣接行列 A から M を求めるためには，v_i から出力されるグラフの本数でその行の値を割る．結果として，たとえば先の例では図 8.14 のようになるので，最終的には M は下記のようになる．

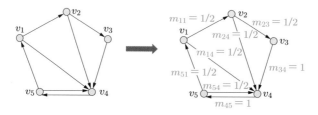

図 8.14 • 確率遷移行列の導出

$$
M = \begin{bmatrix}
0 & 1/2 & 0 & 1/2 & 0 \\
0 & 0 & 1/2 & 1/2 & 0 \\
0 & 0 & 0 & 1 & 0 \\
0 & 0 & 0 & 0 & 1 \\
1/2 & 0 & 0 & 1/2 & 0
\end{bmatrix}
$$

この M の絶対値最大の固有値は 1 であることがわかっているので，これに対応する固有ベクトル $\mathbf{v}$，つまり $M^T\mathbf{v} = \mathbf{v}$ となるベクトルを求めると，

$$
M^T\mathbf{v} = \mathbf{v} \Longrightarrow \mathbf{v} = \begin{bmatrix}
0.3276\cdots \\
0.1638\cdots \\
0.0819\cdots \\
0.6553\cdots \\
0.6553\cdots
\end{bmatrix} \tag{8.3}
$$

となり，この $\mathbf{v}$ の要素の大きさの順に重要度が高いことが示される．この例では v_4，v_5 が同じ重要度トップで，以下，v_1，v_2，v_3 となる．感覚的には v_4 に辺の入力が集中していることから理解できるだろう．

8.7 ┃ まとめ

　本章では節点のつながりを辺として表現したグラフについて扱った．辺に矢印があるものを有向グラフ，ないものを無向グラフとよぶ．すべての節点に小道が存在している連結グラフについて学び，一筆書きできるグラフの条件を各接点の次数で求めることができることと，その具体例をいくつか学んだ．

═══════════════════════ 章末問題 ═══════════════════════

1. つぎのグラフについて，節点の個数，辺の個数，各節点の次数を答えよ．閉路があれば一つ答えよ．

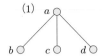 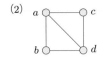 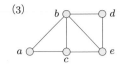

2. 節点集合が $\{a, b, c\}$ の単純グラフについて，つぎの (1)〜(4) の問いに答えよ．

(1) 無向グラフは全部で何個あるか．

(2) 有向グラフは全部で何個あるか．

(3) 有向木は全部で何個あるか．

(4) 根付き木は全部で何個あるか．

3.* $V = \{1, 2, 3, 4, 6, 12\}$ のとき，次を満たす多重辺をもたない有向グラフ $G = (V, E)$ を図で描け．

(1) $uv \in E$ と，V の中で v が u のつぎに大きいことは同値である．

(2) $uv \in E$ と，v を u で割った商が素数であることは同値である．

(3) $uv \in E$ と，$u \% 3 = v \% 3$ は同値である．ただし，$a \% b$ は a を b で割った余りを表す．

4. つぎの連結グラフのうち，一筆書き可能なものはどれか？

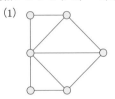 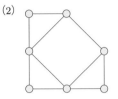 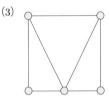

Column　ヒープソート

　二分木かつ順序木の応用例として，ヒープおよびヒープソートを紹介する．

　図 8.15(a) は大きさ $n(= 6)$ 個のデータからなる最小ヒープの例である．節点を，左肩に添字 i $(i = 1, 2, 3, \ldots, n)$ がついた円で描き，円の中にはデータ（数値）を格納する．この節点を $H[i]$ と記す．計算機の中では，図 8.15(b) のように，添字つきの連続領域（配列）として表現するのが普通である．ここでは，この配列名を H とし，格納されている値は $H[1], H[2], \ldots, H[n]$ と表現する．

（a）最小ヒープ：根は最小値 20　　　（b）ヒープの記憶構造

図 8.15・最小ヒープ

添字 1 の節点 $H[1]$ は根である．節点 $H[i]$ は $2i > n$ ならば葉である．$2i = n$ ならば一つの子節点 $H[2i]$ をもち，$2i < n$ ならば二つの子節点 $H[2i]$ と $H[2i+1]$ をもつ．また，根でない節点 $H[i]$ の親は $H[\lfloor i/2 \rfloor]$（$\lfloor\ \rfloor$ は床関数，1.1 節参照）である．

ここでは，葉でない節点 $H[i]$ については，必ず $H[i] \leqq H[2i]$，（もしあれば）$H[i] \leqq H[2i+1]$ が成立するように順序木をつくるものとする．これにより，トップの親（根）$H[1]$ はヒープ内の値の最小値を保持することが保証される．これを最小ヒープとよぶ．もし不等号が $\geqq$ の場合には H は最大ヒープとよび，このときには $H[1]$ はヒープ内の最大値を保持する．

以下では最小ヒープのみ扱うものとすると，定義したヒープに対する最小値の削除を繰り返し行うことで，小さい順にヒープの値を並べ替える（sort）ことができるようになる．この方法をヒープソートとよぶ．

整数列 $a_1, a_2, \ldots, a_N$ が与えられたとき，初期状態を $H := \emptyset, n := 0$ として，$H[1]$ に最小値が格納されたヒープを構成する．

$i = 1, 2, \ldots, N$ の順に，最小ヒープ状態を保ったまま，最小値 b_i を取り出して削除する操作を行う．これを $b_i := \mathrm{remove}(H, n)$ と書くことにする．この b_i を順に並べた整数列 $b_1, b_2, \ldots, b_N$ は，もとの整数列を昇順に整列させたものになっている．これがヒープソート（heap sort）のアルゴリズムである．たとえば，図 8.15 に対してヒープソートを適用すると図 8.16 のようになり，$b_1 = 20, b_2 = 30, b_3 = 35, b_4 = 40,$ $b_5 = 50$ を取り出すことができ，最後に残ったものを $b_6 = 60$ とすれば，整列した $20, 30, 35, 40, 50, 60$ を得ることができる．

ヒープソートの計算時間は，根から末尾の葉までの長さが $\lfloor \log_2 N \rfloor$ になることから，$N \log_2 N$ にほぼ比例することが知られている．

本書で学んだ離散数学の定義と概念を土台に，様々な数学的な問題を解くことができるよう，研鑽に励んでほしい．

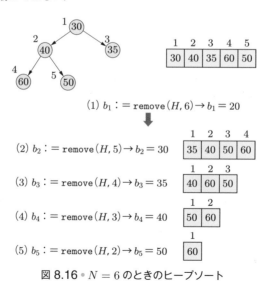

図 8.16 • $N = 6$ のときのヒープソート

コンピュータ内部での小数表現

付 録

コンピュータの内部では，データ（整数など）の表現として 2 進法が用いられていることは第 2 章で学んだ．本章ではそれを拡張し，科学技術計算で使用されることの多い実数の表現法について解説する．

コンピュータ内部での数値表現の形式には，図 A.1 に示すものがある．ここでは整数型固定小数点数と浮動小数点数について解説する．現在では 10 進表現はほとんど使われなくなったので，ここでは扱わない．

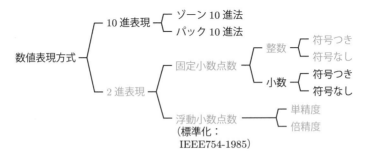

図 A.1 • 数値表現の形式

A.1 | 整数型固定小数点数

第 2 章でも述べたように，コンピュータの内部ではすべてのデータを 2 進数のビット列として表現し，その桁数（ビット数）は 1 バイト（8 ビット）をひとまとめとして，通常，1 バイト，2 バイト（16 ビット），4 バイト（32 ビット），8 バイト（64 ビット）単位で扱われる．

数値を扱うビット列のもっとも左のビットを最上位ビット（most significant bit, MSB）といい，もっとも右のビットを最下位ビット（least significant bit, LSB）という（図 A.2）．また，小数点の位置を固定して，2 進数によって数値を表現する方式を固定小数点数（fixed point number）という．小数点の位置が LSB の右側にある場合は整数型といい，いずれかのビットの左側にある場合は小数型という．

図 A.3 のような整数型（固定小数点数）では，小数点の位置は LSB の右側である．LSB から左方向へ順に $2^0, 2^1, \ldots, 2^{30}$ の重みが掛かる．ここで，符号つきの場合に

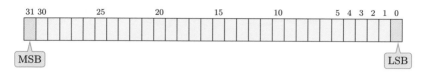

図 A.2 ● MSB と LSB（32 ビットの場合）

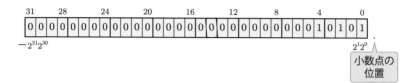

図 A.3 ● 符号つき整数型固定小数点数

は，MSB には -2^{31} の重みが掛かる．MSB が 0 のときはその数値は正の数か 0 を意味し，MSB が 1 のときは負の数を意味する．他方，符号なしの場合には，MSB には 2^{31} の重みが掛かる．なお，図 A.3 が示す整数値は，$2^4 + 2^2 + 2^0 = 21$ である．

例題 A.1

703 を 32 ビットの符号つき整数型固定小数点数で表現せよ．また，703 を 16 進数で表現せよ．

解答　$703 = 2 \times 16^2 + 11 \times 16^1 + 15 \times 16^0 = (2\mathrm{BF})_{16}$ であるから，以下のように表現される．2 進数を横に書くと長くなってみにくいので，4 桁ずつ区切ったり，16 進数で表現したりすることが多い．

0	0	0	0	0	2	B	F
0000	0000	0000	0000	0000	0010	1011	1111

例題 A.2

-703 を 32 ビットの符号つき整数型固定小数点数で表現せよ．なお，負の数の表現には 2 の補数表示を用いる．

解答　例題 A.1 の答えに対して，最下位の 1 とその右はそのまま．最下位の 1 より左は反転．

1111	1111	1111	1111	1111	1101	0100	0001

例題 A.3

8 ビットの符号つき整数型固定小数点数で 10 および −10 を表現せよ．なお，負の数の表現には 2 の補数表示を用いる．

解答　8 ビットでは，10 は左のように，−10 は右のように表現される．

| 0 | 0 | 0 | 0 | 1 | 0 | 1 | 0 |

| 1 | 1 | 1 | 1 | 0 | 1 | 1 | 0 |

● **よくででくる 2 のべき乗**　コンピュータを使っているときやプログラムを組んでいるときに，覚えておくと便利な数値（2 のべき乗）を以下の表に示す．

2 進数	10 進数	読み方（語呂）や備考
2^0	1	
2^1	2	
2^2	4	
2^3	8	
2^4	16	
2^5	32	
2^6	64	
2^7	128	イチニッパ
2^8	256	ニゴロ
2^9	512	ゴイチニ
2^{10}	1024	1 K（キロ）
2^{16}	65536	六甲山ろく
2^{20}	1048576	1 M（メガ）
2^{30}	1073741824	1 G（ギガ）
2^{32}	4294967296	洋服試着むだな肉あり

A.2 ビットごとの論理演算

ブール代数の論理和（+），論理積（·），補（￣）の演算表は以下のようになる．

x	y	$x+y$	$x \cdot y$
0	0	0	0
0	1	1	0
1	0	1	0
1	1	1	1

x	$\bar{x}$
0	1
1	0

C 言語の演算の中には，ビットごとの論理和（|），ビットごとの論理積（&），ビッ

トごとの論理否定（˜）がある．ここでは，整数を 32 桁（ビット）の 2 進数で表現するものとする．各桁ごとにブール代数の演算を施す演算を定義する．

例題 A.4　ビットごとの論理和

$x = 53 = (35)_{16}$，$y = 83 = (53)_{16}$ とする．これらのビットごとの論理和 $x|y$ の値を 32 ビット符号つき固定小数点数で表現せよ．また，その値を求めよ．

解答　$x|y$ の値は，x と y の対応するビット（同じ桁）どうしで（ブール代数の）和をとった値になる．同じ桁のどちらかが 1 であれば，その桁の結果は 1 になる．同じ桁の両方が 0 であれば，その桁の値は 0 になる．この操作を 32 桁すべてについて行う．すると，$x|y = (77)_{16} = 119$ となる．

例題 A.5　ビットごとの論理積

$x = 53 = (35)_{16}$，$y = 83 = (53)_{16}$ とする．これらのビットごとの論理積 $x\&y$ の値を 32 ビット符号つき固定小数点数で表現せよ．また，その値を求めよ．

解答　$x\&y$ の値を求めるには，x と y の対応するビットどうしをみて，両方とも 1 であるビットを 1 にする．片方でも 0 であるビットは 0 にする．すると，$x\&y = 17 = (11)_{16}$ となる．

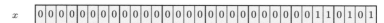

例題 A.6　ビットごとの論理否定

$x = 53 = (35)_{16}$ とする．x のビットごとの論理否定 $˜x$ の値を 32 ビット符号つき固定小数点数で表現せよ．また，その値を求めよ．

解答　$\tilde{x}$ の値を求めるには，x の各ビットを反転させる．$\tilde{x}$ に 1 を加えた以下のものが x の 2 の補数，すなわち $-x$ であるから，$\tilde{x}+1 = -x = -53$．したがって，$\tilde{x} = -53-1 = -54$.

【参考】$\tilde{x}$ に 1 を加えた以下のものが x の 2 の補数，すなわち $-x$ である．

| $\tilde{x}+1$ | 1 1 1 1 1 1 1 1 1 1 1 1 1 1 1 1 1 1 1 1 1 1 1 1 1 1 1 1 0 1 0 1 0 1 1 |

A.3　論理シフトと算術シフト

　符号なしの整数型固定小数点数の桁移動を論理シフトといい，符号つきの整数型固定小数点数の桁移動を算術シフトという．

●**論理シフト**　符号なしの整数型固定小数点数 x において，x の各桁を右方向へ n ビット移動させる場合（例題 A.7 参照），LSB の右へあふれた n 桁はすべて捨てられ，空いた上位 n 桁には 0 が詰め込まれる．左方向へ n ビット移動させる場合（例題 A.8 参照），MSB の左へあふれた n 桁はすべて捨てられ，空いた下位 n 桁には 0 が詰め込まれる．

●**算術シフト**　符号つきの整数型固定小数点数 x において，x の各桁を右方向へ n ビット移動させる場合（例題 A.9 参照），MSB（符号）は移動対象外であり，LSB の右へあふれた n 桁はすべて捨てられ，空いた上位 n 桁には MSB（符号）と同じビットが詰め込まれる．左方向へ n ビット移動させる場合（例題 A.11 参照），MSB（符号）は移動対象外であり，符号を除く上位 n 桁はすべて捨てられ，空いた下位 n 桁には 0 が詰め込まれる．

　以上をまとめると，表 A.1 のようになる．

　C 言語では（論理・算術とも）右シフトには同じ記号 $\gg$ を用い，（論理・算術とも）左シフトには記号 $\ll$ を用いる．ここでもこれらの記号を使うことにする．論理シフトと算術シフトを区別するために，問題ごとに符号つきと符号なしを明記することにする．たとえば，x を符号なしの整数型固定小数点数とするとき，$x \gg 2$ は x の

表 A.1 • 論理シフトと算術シフト

	論理		算術	
	右シフト	左シフト	右シフト	左シフト
MSB の移動	する	する	しない	しない
空き部分に詰める値	0	0	符号と同じ	0

右への 2 ビット論理シフトであり，x を符号つきの整数型固定小数点数とするとき，$x \gg 2$ は x の右への 2 ビット算術シフトである．

例題 A.7　論理右シフト

32 ビット符号なし整数型固定小数点数 $x = 53$ を，右へ 2 ビット論理シフトせよ．また，シフト後の値を求めよ．

解答　$x \gg 2$ の結果，左の空いた 2 ビットには 0 が詰められ，下位 2 ビットは LSB の右に捨てられる．すなわち，次図のようになる．$x \gg 2$ の値は 13 である．

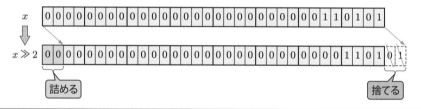

例題 A.8　論理左シフト

32 ビット符号なし整数型固定小数点数 $x = 53$ を，左へ 2 ビット論理シフトせよ．また，シフト後の値を求めよ．

解答　$x \ll 2$ の結果，右の空いた 2 ビットには 0 が詰められ，上位 2 ビットは MSB の左に捨てられる．すなわち，次図のようになる．$x \ll 2$ の値は $13 \times 16 + 4 = 212$ である．

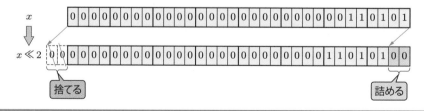

例題 A.9 　　算術右シフト

32 ビット符号つき整数型固定小数点数 $x = 53$ を，右へ 2 ビット算術シフトせよ．また，シフト後の値を求めよ．

解答　$x \gg 2$ の結果，MSB を除いて上位 2 ビットには符号と同じビット (0) が詰められ，下位 2 ビットは LSB の右に捨てられる．すなわち，次図のようになる．$x \gg 2$ の値は 13 である．

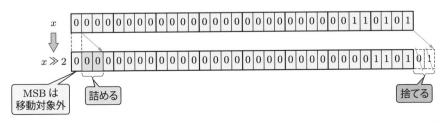

例題 A.10

32 ビット符号つき整数型固定小数点数 $x = -12$ を，右へ 2 ビット算術シフトせよ．また，シフト後の値を求めよ．

解答　$x \gg 2$ の結果，MSB を除いて上位 2 ビットには符号と同じビット (1) が詰められ，下位 2 ビットは LSB の右に捨てられる．すなわち，次図のようになる．$x \gg 2$ の値は -3 である．

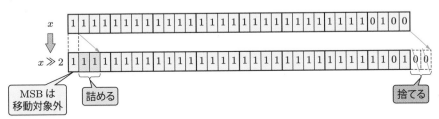

例題 A.11 　　算術左シフト

32 ビット符号つき整数型固定小数点数 $x = 53$ を，左へ 2 ビット算術シフトせよ．また，シフト後の値を求めよ．

解答　$x \ll 2$ の結果，右の空いた 2 ビットには 0 が詰められ，MSB を除く上位 2 ビットは MSB の左に捨てられる．すなわち，次図のようになる．$x \ll 2$ の値は $13 \times 16 + 4 = 212$ である．

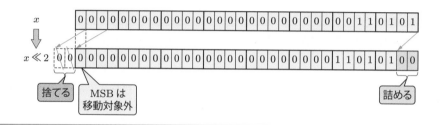

A.4 | 浮動小数点数

　コンピュータ内部で表現される実数を浮動小数点数（floating-point number）という．現在使用されているその形式は IEEE（Institute of Electrical and Electronics Engineers; 米国電気電子技術者協会，通称アイトリプルイー）で規格化されている．ここでは浮動小数点数の用語を定義し，IEEE754-1985 規格に基づいた単精度・倍精度浮動小数点数について概説する．

● **浮動小数点数の用語**　β 進 p 桁の有限小数を図 A.4 のような形式で表現したものを，浮動小数点数とよぶ．このとき，この浮動小数点数 x は

$$x = \pm M \times \beta^E = (-1)^s \times (0.m_{p-1}m_{p-2}\cdots m_0)_\beta \times \beta^{(e_{q-1}e_{q-2}\cdots e_0)_\beta}$$

を意味する．ここで，s を符号部，p 桁有限小数で表現される M を仮数部（小数部），q 桁の整数として表現される E を指数部とよぶ．指数部の最小値が $E_{\min}$，最大値が $E_{\max}$ とすると，表現可能な実数 x の範囲は $0 \leq |x| \leq \beta^{E_{\max}} - 1$ に限られる．計算の結果，この範囲を超える実数はオーバーフローとして処理され，無限大 $(\pm\infty)$ という特殊な浮動小数点数として扱う．また，$0/0$, ∞/∞ のように値が定まらない計算結果は非数（NaN, Not-a-Number）といい，これも特殊な浮動小数点数として扱う．

　$\pm\infty$ に満たない浮動小数点数は，指数部が $E_{\min}$ を超えていれば必ず仮数部の最上

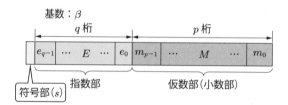

図 A.4 ● 浮動小数点数の形式

位桁が $1 \leqq m_{p-1} \leqq \beta - 1$ になるように E の値が調整される. このように, 桁をそろえる操作を正規化 (normalization) とよぶ. $0 < E < E_{\min}$ であるときは, 正規化できないので, 仮数部の上位桁を 0 にして, 徐々に 0 に近づくように処理される. このような浮動小数点数を非正規化数 (subnormal number) とよぶ.

現在使用されている浮動小数点数の基数は $\beta = 2, 16, 10$ で, IEEE754-1985 規格では $\beta = 2$ が使われ, 人間が読み書きするためには $\beta = 10$ の浮動小数点数に変換される. 10 進の場合は 1.2345×10^5 を $1.2345\text{E}+5$ のように, 上付き文字を使わずに記述することが多い.

なお, 2 進の浮動小数点数は仮数部の最上位桁が必ず 1 になるため, 仮数部を M の代わりに $1 + M'$ とし, M' の部分のみを格納すると, 1 桁 (1 ビット) 節約することができる. 正規化されている IEEE754 単精度・倍精度はこの表現方式を採用している.

● **IEEE754-1985 規格が定める単精度・倍精度浮動小数点数**　IEEE754-1985 規格は, 2 進数の浮動小数点数の形式や演算方法を定めた規格で, 現在のコンピュータが搭載している大部分の CPU では, 直接ハードウェアでこの規格に基づいた浮動小数点数の処理が可能である. そのため高速な計算が実現でき, 大規模な科学技術計算では欠かせないものとなっている.

この規格で定められている浮動小数点形式は, 全体で 32 ビットまたは 64 ビットで表現されるもので, それぞれ単精度浮動小数点数 (single precision), 倍精度浮動小数点数 (double precision) とよばれている. 以下ではそれぞれの形式を解説する.

● **単精度 (single-precision) 浮動小数点数**　32 ビットで表現される浮動小数点数である. MSB を符号部, つぎの 8 ビットを指数部, 残りの 23 ビットを仮数部という.

符号部のビットを s とし, 指数部のビットを $e_7 e_6 \cdots e_1 e_0$ $(e_i \in \{0, 1\})$ とし, 仮数部のビットを $m_{22} m_{21} \cdots m_1 m_0$ $(m_i \in \{0, 1\})$ とする. e と M を

$$e = (e_7 e_6 \cdots e_1 e_0)_2,$$
$$M = 1 + M' = (1.m_{22}m_{21} \cdots m_1 m_0)_2,$$
$$\text{ただし,}\ M' = (m_{22}m_{21} \cdots m_1 m_0)_2 \times 2^{-23}$$

とおくと, 図 A.5 の浮動小数点数 x は, $0 < e < 255$ の場合には,

$$x = (-1)^s \times M \times 2^{e-127}$$

と定義される. なお, $e = 0$ または $e = 255$ の場合の値は, 表 A.2 のように定義さ

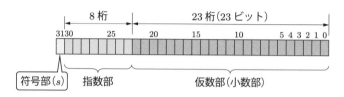

図 A.5 ● 単精度浮動小数点数の構造

表 A.2 ● 単精度浮動小数点数が表す値

e の値	M' の値	x の値
$e = 0$	$M' = 0$	$x = 0$
$e = 0$	$M' \neq 0$	$x = (-1)^s \times M' \times 2^{-126}$
$e = 255$	$M' = 0$	$x = (-1)^s \times \infty$
$e = 255$	$M' \neq 0$	$x = \mathrm{NaN}$

れる.

● **倍精度（double-precision）浮動小数点数**　64 ビットで表現される浮動小数点数である．MSB を符号部，つぎの 11 ビットを指数部，残りの 52 ビットを仮数部という．

符号部のビットを s，指数部のビットを $e_{10}e_9 \cdots e_1e_0\,(e_i \in \{0,1\})$ とし，仮数部のビットを $m_{51}m_{50} \cdots m_1m_0\,(m_i \in \{0,1\})$ とする．e と M を

$$e = (e_{10}e_9 \cdots e_1e_0)_2,$$
$$M = 1 + M' = (1.m_{51}m_{50} \cdots m_1m_0)_2,$$
$$ただし, \quad M' = (m_{51}m_{50} \cdots m_1m_0)_2 \times 2^{-52}$$

とおくと，図 A.6 の浮動小数点数 x は，$0 < e < 2047$ の場合には，

$$x = (-1)^s \times M \times 2^{e-1023}$$

と定義される．なお，$e = 0$ または $e = 2047$ の場合の値は表 A.3 のように定義される．

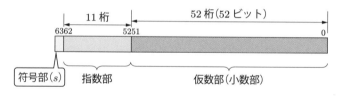

図 A.6 ● 倍精度浮動小数点数の構造

表 A.3 ● 倍精度浮動小数点数が表す値

e の値	M' の値	x の値
$e = 0$	$M' = 0$	$x = 0$
$e = 0$	$M' \neq 0$	$x = (-1)^s \times M' \times 2^{-1022}$
$e = 2047$	$M' = 0$	$x = (-1)^s \times \infty$
$e = 2047$	$M' \neq 0$	$x = \mathrm{NaN}$

たとえば，以下に示される単精度浮動小数点数の値は，

$$x = (-1)^1 \times (1.1)_2 \times 2^{128-127} = -1.5 \times 2 = -3$$

である．

章末問題

1. 以下の整数を，8 ビットの符号つき固定小数点数で表現せよ．なお，負の数の表現には 2 の補数表示を用いる．

(1) 74

(2) 63

(3) −74

(4) −63

2. 以下に示される単精度浮動小数点数の値 $x = (-1)^1 \times (1.11)_2 \times 2^{129-127}$ を求めよ．

略　解

問題の略解

問題 1.1　1. 5　　2. -6　　3. 15　　4. -10

問題 1.2　1. -4　　2. $1/2$　　3. 4　　4. $1/2$

問題 1.3　1. $\log_{10} 5/\log_{10} 3 = 0.699/0.477 = 1.465$　　2. $\log_{10} 3/\log_{10} 5 = 0.477/0.699$ $= 0.682$　　3. $2\log_{10} 3/(\log_{10} 3 + \log_{10} 5) = 0.954/1.176 = 0.811$

問題 2.1　$225 = (1400)_5 = (441)_7$.

問題 2.2　$(11000100)_2 = (304)_8 = (C4)_{16}$.

問題 2.3　加算について，2 進では $(11010101)_2 + (1011)_2 = (11100000)_2$，10 進では $213 + 11 = 224$. 減算について，2 進では $(11010101)_2 - (1011)_2 = (11001010)_2$，10 進では $213 - 11 = 202$.

問題 2.4　$(10110101)_2$

問題 2.5　切り上げ：1.24，誤差＝絶対誤差 $= 5.6 \times 10^{-3}$，相対誤差 $\approx 4.5 \times 10^{-3}$.
切り捨て：1.23，誤差$=-4.4 \times 10^{-3}$，絶対誤差$=4.4 \times 10^{-3}$，相対誤差 $\approx 3.6 \times 10^{-3}$.
四捨五入は切り捨ての場合に同じ.

問題 3.1

1.

p	q	$\neg(p \vee q)$
T	T	F
T	F	F
F	T	F
F	F	T

2.

p	q	r	$(p \vee q) \wedge r$
T	T	T	T
T	T	F	F
T	F	T	T
T	F	F	F
F	T	T	T
F	T	F	F
F	F	T	F
F	F	F	F

問題 3.2　省略

問題 3.3　1. $\neg(\neg p \wedge q) = \neg(\neg p) \vee \neg q = p \vee \neg q$

2. $p \vee \neg q \vee \neg r = \neg\neg p \vee \neg\neg(\neg q \vee \neg r) = \neg(\neg p \wedge \neg(\neg q \vee \neg r))$

問題 3.4　省略

問題 3.5　省略

問題 4.1　順に $\in, \notin, \notin, \in$.

問題 4.2　順に $\in, \notin, \notin, \in$.

問題 4.3　1. 4　　2. 10　　3. 34

問題 4.4　1. $\{-3, -2, -1, 0, 1, 2, 3\}$　　2. $\{1, 3\}$　　3. $\{x \mid 1 \leqq x \leqq 5, x \in \mathbb{Z}\}$

4. $\{x \mid x = 2n - 1, 1 \leqq n \leqq 5, n \in \mathbb{Z}\}$　　5. $\{x \mid x = 1 \text{ または } x = 10^n + 1, n \in \mathbb{N}\}$

問題 4.5　1. $X \subset X, Y \subset Y, Z \subset Z, X \subset Y, X \subset Z, Z \subset Y$　　2. $X \subset X, Y \subset Y,$ $Z \subset Z, X \subset Y, Z \subset Y$　　3. $X \subset X, Y \subset Y, Z \subset Z, X \subset Y$

問題 4.6　1. 成り立つ　　2. 成り立つ　　3. 成り立たない，$\{1,2\}$　　4. 成り立つ　　5. 成り立たない，$\{2,-3\}$

問題 4.7　たとえば，$41/4$，$51/5$，$61/6$ など．

問題 4.8　1. $U = \{20,21,22,23,24,25,26,27,28,29\}$, $A = \{20,24,28\}$, $B = \{20,25\}$ 2. A の要素の例：$1/2$，$2/3$，$3/4$ など，B の要素の例：11，12，13 など

問題 4.9　$A^c = \{10,11,13,14,16,17,19,20\}$, $B^c = \{10,11,13,14,15,16,17,19,20\}$.

問題 4.10　1. $A \cap B = \emptyset$, $A \cup B = \{5,6,9,10\}$　　2. 省略

問題 4.11　A に属するもの：(b),(c)．$A - B$ に属するもの：(c)．$B - A$ に属するもの：(d)．いずれにも属さないもの：(a)．

問題 4.12　1. $(B \cap A^c)^c = B^c \cup A = \{3,4,5,6,7,8,9,10\}$　　2. $((A^c \cup B)^c \cup B)^c = A^c \cap B^c = \{4,5,7,8,10\}$

問題 5.1　省略

問題 5.2　1. 定義域は $\mathbb{R}$，値域は $\{x \mid x \geqq 0, x \in \mathbb{R}\}$　　2. 定義域は $\mathbb{R}$，値域は $\{0,1\}$ 3. 定義域と値域ともに $\{x \mid x \geqq 0, x \in \mathbb{R}\}$

問題 5.3　1. $f(-1) = f(1) = 1$ だから単射でない．$f(x) = -1$ となる $x \in \mathbb{R}$ が存在しないから全射でない．　　2. $f(0) = f(1) = 0$ だから単射でない．$f(x) = 2$ となる $x \in \mathbb{R}$ が存在しないから全射でない．　　3. f は写像ではないので，単射でも全射でもない．

問題 5.4　$g \circ f(x_1) = z_1, g \circ f(x_2) = z_1, g \circ f(x_3) = z_2$.

問題 5.5　$\sigma \circ \tau = \begin{pmatrix} 1 & 2 & 3 & 4 \\ 3 & 4 & 1 & 2 \end{pmatrix}$.

問題 5.6　1. $_nC_0 = n!/(n! \cdot 0!) = 1$, $_nC_n = n!/(0! \cdot n!) = 1$ 2. $_nC_1 = n!/((n-1)! \cdot 1!) = n$

3. $_{n+1}C_k = ((n+1-k+k) \cdot n!)/((n+1-k)! \cdot k!)$
$= ((n+1-k) \cdot n!)/((n+1-k)! \cdot k!) + (k \cdot n!)/((n+1-k)! \cdot k!)$
$= n!/((n-k)! \cdot k!) + n!/((n-(k-1))! \cdot (k-1)!)$
$= _nC_k + _nC_{k-1}$

4. $_nC_k = n!/((n-k)! \cdot k!) = n!/((n-(n-k))! \cdot (n-k)!) = _nC_{n-k}$

問題 6.1

	反射律	対称律	推移律
$=$	○	○	○
$\subset$	○	×	○

たとえば $A = \{1,2\}$, $B = \{1\}$ とすると，$\{1\} \subset \{1,2\}$ であるが，$\{1,2\} \subset \{1\}$ ではない．

問題 6.2　$R_{LE} = \{(1,1), (1,2), (1,3), (2,2), (2,3), (3,3)\}$

問題 6.3　1. 開発部の三河　　2. 営業部の新島　　3. 総務部の佐藤　　4. $(1,4)$

5. $(3, 4)$　　6. $(2, 1)$

問題 6.4　省略

問題 7.1　1. $A = \{-9, -6, -3, 0, 3, 6, 9\}$, $B = \{-10, -8, -6, -4, -2, 0, 2, 4, 6, 8, 10\}$

2. 定理 7.1 による.

問題 7.2　1. $n = 1$ のとき，左辺と右辺の値はともに 1 であるので，成り立つ. $n = k$ のとき，成り立つと仮定する. このとき，$1 + 2 + \cdots + 2^{k-1} + 2^k = 2^k - 1 + 2^k = 2^{k+1} - 1$ であるから，$n = k + 1$ でも成り立つ. ゆえに，任意の自然数 n に対して，等式は成り立つ.

2. 省略

問題 7.3

1. C_1 を b_2 へ移動
2. C_2 を b_3 へ移動
3. C_1 を b_3 へ移動
4. C_3 を b_2 へ移動
5. C_1 を b_1 へ移動
6. C_2 を b_2 へ移動
7. C_1 を b_2 へ移動（C_1, C_2, C_3 が b_1 から b_2 へ移動）
8. C_4 を b_3 へ移動（C_4 が b_3 へ移動）
9. C_1 を b_3 へ移動
10. C_2 を b_1 へ移動
11. C_1 を b_1 へ移動
12. C_3 を b_3 へ移動
13. C_1 を b_2 へ移動
14. C_2 を b_3 へ移動
15. C_1 を b_3 へ移動（C_1, C_2, C_3 が b_2 から b_3 へ移動）

問題 8.1

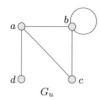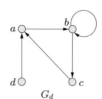

問題 8.2

問題 8.3

1. a と c のどちらかを始点と終点にする必要がある．たとえば，c から始めて $e_1 \to e_2 \to e_6 \to e_5 \to e_4 \to e_3$ と a で終わるなど．

2. たとえば $a \to d \to c \to a \to b \to d$ とする．

問題 8.4

1. T_{45} 以外は 2 分木である．

2. 下記のような全域木が作れる．

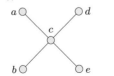

章末問題の略解

第 1 章

1. (1) 幾何的な空間を構成する要素　　(2) 無限の長さをもち，連続してまっすぐに伸びる点の集合　　(3) 有限の長さをもち，連続してまっすぐに伸びる点の集合

2. もし反論が正しいとすると，1+1=1/1+1/1=2/2=1 となるので，明らかに矛盾が生じる．よって，反論は正しくない．

3. $\displaystyle\sum_{i=0}^{10}\left(\frac{1}{3}\right)^i$

4. (1) 1/3　　(2) 178/999　　(3) 3142/999

5. (1) 2　　(2) 1.5　　(3) 3.2　　(4) 2　　(5) 2　　(6) −3　　(7) −4　　(8) 2　(9) 4　　(10) 2

6.

x	−2.0	−1.5	−1.0	−0.5	0.0	0.5	1.0	1.5	2.0
$\lfloor x \rfloor$	−2	−2	−1	−1	0	0	1	1	2

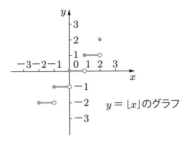

$y = \lfloor x \rfloor$ のグラフ

7. (1) 1048576　　(2) 0.0316226　　(3) 0.778151

8. (1) 10 桁　　(2) 17 桁

9. (1) $x \geqq 0$ のときには, $|x|^2 = x^2$ で成り立つ. $x < 0$ のときには, $|x|^2 = (-x)^2 = x^2$ で成り立つ.

(2) $|x| \geqq 0$ であって, $|x|^2 = x^2$ であるから, 正の平方根の定義より $\sqrt{x^2} = |x|$ が成り立つ.

(3) $x \geqq 0$ のときは $-|x| = -x \leqq x = |x|$, $x < 0$ のときは $-|x| = -(-x) = x < -x = |x|$ となる. したがって, $-|x| \leqq x \leqq |x|$.

(4) $x = y = 0$ であるときには明らかに成り立つので, それ以外の場合を考える. $x^n - y^n = (x - y)(x^{n-1} + x^{n-2}y^1 + \cdots + x^1 y^{n-2} + y^{n-1})$ と因数分解できる. この右辺の後ろの因子は明らかに正である. したがって, $x^n - y^n = 0$ のときには, $x - y = 0$, すなわち $x = y$ が成り立つ. また, $x^n - y^n > 0$ のときには, $x - y > 0$, すなわち $x > y$ が成り立つ.

(5) $|xy|^2 = (xy)^2 = x^2 y^2 = |x|^2 |y|^2 = (|x||y|)^2$. $|xy|, |x||y| \geqq 0$ であるから, 上記 (4) より $|xy| = |x||y|$ が成り立つ.

(6) 上記 (3) により $(|x| + |y|)^2 - |x + y|^2 = 2(|xy| - xy) \geqq 0$. $|x| + |y|, |x + y| \geqq 0$ であるから, 上記 (4) より $|x + y| \leqq |x| + |y|$ が成り立つ.

(7) $(|x| + |y|)^2 - \sqrt{x^2 + y^2}^2 = 2|xy| \geqq 0$. $|x| + |y|, \sqrt{x^2 + y^2} \geqq 0$ であるから, 上記 (4) より $\sqrt{x^2 + y^2} \leqq |x| + |y|$ が成り立つ.

(8) 定義から $\lfloor x \rfloor$ は x を超えないので $\lfloor x \rfloor \leqq x$. また, $x \geqq \lfloor x \rfloor + 1$ を仮定すると, $\lfloor x \rfloor + 1$ は整数であって x を超えない. これは, $\lfloor x \rfloor$ の最大性に矛盾する. よって $x < \lfloor x \rfloor + 1$.

(9) x の小数部分を $y\,(0 \leqq y < 1)$ とすると, $x = \lfloor x \rfloor + y$ と書ける. $y \geqq 0.2$ ならば, $5x = 5\lfloor x \rfloor + 5y \geqq 5\lfloor x \rfloor + 1 > 5\lfloor x \rfloor$ となるので, $\lfloor 5x \rfloor > 5\lfloor x \rfloor$ を得る. これは矛盾であるので, $y < 0.2$ でなければならない.

(10) 上記 (8) より, $\lfloor x + 0.5 \rfloor - 0.5 \leqq x < \lfloor x + 0.5 \rfloor + 0.5$ だから, $\lfloor x + 0.5 \rfloor$ は x の小数第 1 位を四捨五入した整数値にほかならない.

10. (1) $\sqrt{0.25} = 0.5$　　(2) 11　　(3) $2\sqrt{6}$　　(4) 0　　(5) $\sqrt{2}$　　(6) $\sqrt{3} - \sqrt{2}$
(7) 4　　(8) $2^{\frac{6}{5}}$　　(9) $(\sqrt{2})^6 = 2^3 = 8 < 9 = 3^2 = (\sqrt[3]{3})^6$, よって, $\sqrt[3]{3}$
(10) $(\sqrt{2})^2 = 2 < 100/49 = (10/7)^2$

第 2 章

1. (1) $225 = (11100001)_2 = (341)_8 = (E1)_{16}$　　(2) $(10010110)_2 = (226)_8 = 150 = (96)_{16}$　　(3) $(357)_8 = (11101111)_2 = 239 = (EF)_{16}$　　(4) $(F8)_{16} = (11111000)_2 = (370)_8 = 248$

2. (1) $(11000011)_2$　　(2) $(01101001)_2$　　(3) $(01010011)_2$　　(4) $(11010010)_2$

3.

10 進数	2 進数	8 進数	16 進数
46	$(101110)_2$	$(56)_8$	$(2E)_{16}$
148	$(10010100)_2$	$(224)_8$	$(94)_{16}$
302	$(100101110)_2$	$(456)_8$	$(12E)_{16}$
250	$(11111010)_2$	$(372)_8$	$(FA)_{16}$

4.

10 進数	2 進数	8 進数	16 進数
51	$(00110011)_2$	$(63)_8$	$(33)_{16}$
170	$(10101010)_2$	$(252)_8$	$(AA)_{16}$
468	$(111010100)_2$	$(724)_8$	$(1D4)_{16}$
213	$(11010101)_2$	$(325)_8$	$(D5)_{16}$

5. (1) $(11111111)_2$　　(2) $(11111110)_2$　　(3) $(11111101)_2$　　(4) $(11010011)_2$
(5) $(11110000)_2$

6. $r^n \leqq N < r^{n+1}$ の辺々の底 r の対数をとると，$n \leqq \log_r N < n+1$. n は $\log_r N$ を超えない最大の整数だから，$n = \lfloor \log_r N \rfloor$.

7. $2^n - 1$.

第 3 章

1. (1) この花は赤い．　　(2) A 君は自転車と自動車の両方を所有しているわけではない．
(3) A 君の好物はカレーでもカツ丼でもない．　　(4) 宿題が終わっても，サッカー観戦に行かない．

2. 省略

3. (1) (c)　　(2) (a)　　(3) (d)　　(4) (b)

4. (1) ($\Longrightarrow$) ある整数 m, n が存在して $x = 2m+1, y = 2n+1$ と書ける．$xy = 2(2mn + m + n) + 1$ となるので xy は奇数である．($\Longleftarrow$) x または y のどちらか一方でも偶数ならば，xy は偶数である．よって，x も y も奇数でなければならない．
(2) ($\Longrightarrow$) ある整数 m が存在して $x = 2m$ と書ける．$x^2 = 4m^2$ であるから x^2 は偶数である．($\Longleftarrow$) x が奇数とすると，(1) より x^2 は奇数である．よって，x は偶数でなければならない．
(3) 上記 (1) で $x = y$ の場合だから明らかである．
(4) ($\Longrightarrow$) まず x が奇数で y が偶数であるときには，ある整数 m, n が存在して $x = 2m+1, y = 2n$ と書ける．$x + y = 2(m+n) + 1$ であるから，$x + y$ は奇数である．x が偶数で y が奇数の場合も同様に示せる．($\Longleftarrow$) x を偶数とすると，$y = (x+y) - x$ だから y は奇数である．他方，x を奇数とすると，$y = (x+y) - x$ だから y は偶数である．

第 4 章

1. (1) $\{2, 3, 4, 6, 8, 9\}$　　(2) $\{6\}$　　(3) $\{1, 3, 5, 7, 9\}$　　(4) $\{3, 9\}$　　(5) $\{2, 4, 8\}$

(6) $\emptyset$　　(7) $\{1,2,3,4,5,7,8,9\}$　　(8) $\{1,5,7\}$　　(9) $\{2,3,4,8,9\}$　　(10) $\{1,2,3,4,5,6,7,8,9\}$

2. $\{-5,-4,-3,-2,-1,0,1,2,3,4,5\}$.

3. 内側から順に，$\mathbb{N}$, $\mathbb{Z}$, $\mathbb{Q}$, $\mathbb{R}$, $\mathbb{C}$. 無理数全体の集合は $\mathbb{R}-\mathbb{Q}$ の部分である．

4. 有理数は実数であるから $\mathbb{Q}\subset\mathbb{R}$ である．無理数は $\mathbb{R}$ に属するが $\mathbb{Q}$ に属さないので $\mathbb{Q}\neq\mathbb{R}$ である．ゆえに $\mathbb{Q}$ は $\mathbb{R}$ の真部分集合である．

5. $A=\{3,6,9,12,15,18\}$, $B=\{4,8,12,16,20\}$, $C=\{1,2,3,6,9,18\}$.

6. 表を書いて要素に○をつける．

集合	1	2	3	4	5	6	7	8	9	10	11	12	13	14	15	16	17	18	19	20
A		○		○		○		○		○		○		○		○		○		○
B			○			○			○			○			○			○		
A^c	○		○		○		○		○		○		○		○		○		○	
B^c	○	○		○	○		○	○		○	○		○	○		○	○		○	○
$A\cap B$						○						○						○		
$A^c\cup B^c$	○	○	○	○	○		○	○	○	○	○		○	○	○	○	○		○	○
$A\cup B$		○	○	○		○		○	○	○		○		○	○	○		○		○
$A^c\cap B^c$	○				○		○				○		○				○		○	

以上により，
$A^c\cup B^c=\{1,2,3,4,5,7,8,9,10,11,13,14,15,16,17,19,20\}=(A\cap B)^c$.
$A^c\cap B^c=\{1,5,7,11,13,17,19\}=(A\cup B)^c$.

7. 省略

第5章

1. (1) 写像は (b), (c), (e), (f) である．　　(2) 単射は (b), (e), (f) である．　　(3) 全射は (c), (e), (f) である．

2. (1) 全単射．$f^{-1}(x)=\dfrac{1}{2}x$　　(2) 全単射．$f^{-1}(x)=\dfrac{1}{3}x-2$　　(3) 全単射．$f^{-1}(x)=\sqrt{x+\dfrac{9}{4}}-\dfrac{3}{2}$　　(4) 全単射．$f^{-1}(x)=\log_2 x$　　(5) 任意の整数 n に対して $f(n)=n$ であるから，全射である．$f(0)=f(0.5)=0$ であるから，単射ではない．

3. (1) $(g\circ f)(x)=\left(\dfrac{1}{2}x+2\right)^3$　　(2) $(f\circ g)(x)=\dfrac{1}{2}x^3+2$　　(3) $f^{-1}(x)=2x-4$　　(4) $(f\circ f^{-1})(x)=x$　　(5) $g^{-1}(x)=\sqrt[3]{x}$

4. (1) $4^3=64$ 通り．　　(2) $4\times3\times2=24$ 通り．　　(3) 写像は全部で $2^4=16$ 通りある．値域の要素数が 1 個の場合は 2 通りあるから，全射は全部で $16-2=14$ 通り．　　(4) 写像は全部で $3^4=81$ 通りある．値域の要素数が 1 個の場合は 3 通り，値域の要素数が 2 個の場合は ${}_3C_2\times14=3\times14=42$ 通りあるから，全射は全部で $81-3-42=36$ 通り．　　(5) $4!=4\times3\times2\times1=24$ 通り．

5. (1) g が全射だから，任意の $z \in Z$ に対して，$z = g(y)$ となる $y \in Y$ が存在する．さらに，f が全射だから，$y = f(x)$ となる $x \in X$ が存在する．このとき，$z = g(y) = g(f(x)) = (g \circ f)(x)$ であるから $g \circ f$ は全射である．**注意**：この逆は成り立たない．

(2) $(g \circ f)(x_1) = (g \circ f)(x_2)$ を仮定すると，$g(f(x_1)) = g(f(x_2))$．g が単射だから $f(x_1) = f(x_2)$．f も単射だから $x_1 = x_2$ を得る．よって，$g \circ f$ は単射である．**注意**：この逆は成り立たない．

6. (1) 任意の $y \in X$ に対して，$x = f(y) \in X$ とおくと，$f(x) = f(f(y)) = (f \circ f)(y) = I_X(y) = y$ となる．したがって，f は全射である．つぎに，$f(x_1) = f(x_2)$ を仮定すると，$x_1 = f(f(x_1)) = f(f(x_2)) = x_2$ となるので，f は単射である．

(2) $f^{-1} = f^{-1} \circ I_X = f^{-1} \circ (f \circ f) = (f^{-1} \circ f) \circ f = I_X \circ f = f$.

(3) 置換の形で書くと，以下のような例がある．

$$\begin{pmatrix} 1 & 2 & 3 \\ 2 & 1 & 3 \end{pmatrix}, \qquad \begin{pmatrix} 1 & 2 & 3 \\ 1 & 2 & 3 \end{pmatrix}$$

第 6 章

1. (1) $R_1 = \{(1,1), (2,2), (3,3), (4,4), (5,5), (6,6)\}$

(2) $R_2 = \{(1,5), (2,4), (3,3), (4,2), (5,1)\}$

(3) $R_3 = \{(1,1), (1,3), (1,5), (2,2), (2,4), (2,6), (3,1), (3,3), (3,5), (4,2), (4,4), (4,6),$
$(5,1), (5,3), (5,5), (6,2), (6,4), (6,6)\}$

(4) $R_4 = \{(1,1), (1,4), (2,2), (2,5), (3,3), (3,6), (4,1), (4,4), (5,2), (5,5), (6,3), (6,6)\}$

(5) $R_1 \cap R_2 = \{(3,3)\}$

(6) $R_1 \cup R_2 = \{(1,1), (1,5), (2,2), (2,4), (3,3), (4,2), (4,4), (5,1), (5,5), (6,6)\}$

(7) $R_3 \cap R_4 = R_1$

(8) $R_3 \cup R_4 = \{(1,1), (1,3), (1,4), (1,5), (2,2), (2,4), (2,5), (2,6), (3,1), (3,3), (3,5), (3,6),$
$(4,1), (4,2), (4,4), (4,6), (5,1), (5,2), (5,3), (5,5), (6,2), (6,3), (6,4), (6,6)\}$

2. (1) 1 通り　　　(2) ${}_4C_3 + {}_4C_2/2 = 7$ 通り　　　(3) ${}_4C_2 = 6$ 通り　　　(4) 1 通り

3. 同値関係は $\{(1,1), (1,2), (2,1), (2,2), (3,3), (4,4)\}$ など．その同値類は，$\{1,2\}, \{3\},$ $\{4\}$．

4. (1) 省略　　　(2) $a - a = 0$ は偶数だから，aRa は成立しない．　　　(3) 省略

5. $A = \mathbb{Z}$，$P = \{(m,n) \mid m - n$ は 2 の倍数$\}$，$Q = \{(n,l) \mid n - l$ は 3 の倍数$\}$ とすると，P, Q は A 上の同値関係となるが，$m = 1, n = 3, l = 6$ とすると，$(m,n) \in P$ かつ $(n,l) \in Q$ となるが，$(m,l) \notin P$ かつ $(m,l) \notin Q$ である．したがって推移律が成立しないので，$P \cup Q$ は同値関係にならない．

第 7 章

1. $n = 1$ のとき，$\dfrac{1 \cdot (1+1) \cdot (2 \cdot 1 + 1)}{6} = 1$ で成り立つ．$n = k$ のとき，等式が成り

立つと仮定する．このとき，$1^2 + \cdots + k^2 + (k+1)^2 = \dfrac{k(k+1)(2k+1)}{6} + (k+1)^2 = $
$\dfrac{(k+1)(2k^2+7k+6)}{6} = \dfrac{(k+1)(k+2)(2(k+1)+1)}{6}$ となるので，$n = k+1$ のときにも
成り立つ．ゆえに，任意の自然数 n について，与えられた等式が成り立つ．

2. (1) $2^n - 1$ 回　(2) 奇数の場合は b_3，偶数の場合は b_2．（理由）ハノイの塔の移動手
続きにより，円盤 $C_n, C_{n-2}, \ldots$ が初めて移動するのは b_1 から b_3 である．$C_{n-1}, C_{n-3}, \ldots$
が初めて移動するのは b_1 から b_2 である．ゆえに，n が奇数ならば C_1 は C_n と同じ棒の移
動となり，n が偶数ならば C_{n-1} と同じ棒の移動となる．

3. (1) $n = 1$ のとき，$S_1 = 1, 2 \cdot 1^2 - 1 = 1$ で成り立つ．$n = k$ のとき，等式が成り立つと仮
定する．このとき，$S_{k+1} = S_k + (4(k-1)+1) = 2k^2 - k + 4k - 3 = 2(k^2 + 2k + 1) - k - 1 = $
$2(k+1)^2 - (k+1)$ となるので，$n = k+1$ のときにも成り立つ．ゆえに，任意の自然数 n
について，与えられた等式が成り立つ．

(2) $n = 1$ のとき，$S_1 = 1, 2^1 - 1 = 1$ で成り立つ．$n = k$ のとき，等式が成り立つと仮定
する．このとき，$S_{k+1} = S_k + 2^k = 2^k - 1 + 2^k = 2^{k+1} - 1$ となるので，$n = k+1$ のとき
にも成り立つ．ゆえに，任意の自然数 n について，与えられた等式が成り立つ．

(3) $n = 1$ のとき，$a_1 = 2, 3^1 - 1 = 2$ で成り立つ．$n = k$ のとき，等式が成り立つと仮定
する．このとき，$a_{k+1} = 3a_k + 2 = 3(3^k - 1) + 2 = 3^{k+1} - 1$ となるので，$n = k+1$ のと
きにも成り立つ．ゆえに，任意の自然数 n について，与えられた等式が成り立つ．

4. 省略．ヒントをみよ．

第 8 章

1. (1) 節点数 4，辺数 3，a, b, c, d の次数はそれぞれ 3,1,1,1，閉路：なし．

(2) 節点数 4，辺数 5，a, b, c, d の次数はそれぞれ 3,2,2,3，閉路：$abdca$．

(3) 節点数 5，辺数 7，a, b, c, d, e の次数はそれぞれ 2,4,3,2,3，閉路：$abdeca$．

2. (1) 8 個（$\{ab, bc, ca\}$ の部分集合の個数 2^3 に同じ），(2) 64 個（$\{ab, ba, bc, cb, ac, ca\}$ の
部分集合の個数 2^6 に同じ），(3) 12 個（○ → ○ → ○型が 6 通り，○ ← ○ → ○型が 3 通
り，○ → ○ ← ○型が 3 通り），(4) 9 個（前問にて○ → ○ ← ○型は根付きではない）

3.

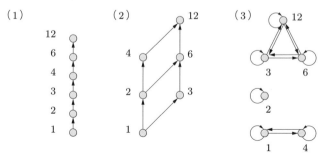

4. 一筆書き可能であるグラフは (2) と (3) である．

付録

1. (1) 01001010　　(2) 00111111　　(3) 10110110　　(4) 11000001

2. $(-1)^1 \times (1.11)_2 \times 2^{129-127} = -1.75 \times 4 = -7.0.$

参考文献

本書を執筆するにあたって参照した文献を紹介する.

[1] 尾関和彦, 情報技術のための離散系数学入門, 共立出版, 2004.

　　和書としてはもっとも詳細に離散数学を解説したテキスト. すべての定理に証明が記されているので, 本書で学んだ内容を土台にして, さらに知識を深めたい人にふさわしい.

[2] 小倉久和, 情報の基礎離散数学, 近代科学社, 1999.

　　豊富な演習問題が用意されており, 内容も高度である. 大量の問題を解きまくって自分の力を伸ばしたい人にお勧めする.

[3] 坂本百大・坂井秀寿, 新版現代論理学, 東海大学出版会, 1971.

　　約半世紀前に出版されたテキストだが, 命題論理・述語論理をわかりやすく解説しており, 「数理論理学」を深く学びたい人向け.

[4] 青本和彦他編, 岩波数学入門辞典, 岩波書店, 2005.

　　本書で扱う数学用語の多くはこれを参照しながら標準化してある. 「入門辞典」と銘打っているが, 大学理工系の教養数学で扱われる数学の用語は大体網羅してある. Web 上の情報には誤っているものも散見されるので, 不明な数学用語が出てきたときには, この辞典のように専門家が執筆した出版物を参照する癖をつけておくとよい.

[5] 奥村晴彦, [改訂新版] C 言語による標準アルゴリズム事典, 技術評論社, 2018.

　　エッセンスだけ抜き出した, 短い C プログラムでアルゴリズムを記述・解説している名著. 本書の内容も含む, 数学に関係するアルゴリズムが多く取り上げられており, サンプルプログラムの使用も自由なので, 安心して参照できる.

[6] R.J. Wilson, 西関隆夫・西関裕子・訳, グラフ理論入門 (原書第 4 版), 近代科学社, 2001.

　　「グラフ」の章で参照している. 図が多く, 簡潔な説明でグラフ理論の勘所を押さえた良書といえる.

索　引

英　語

A

absolute value　　5
absorption law　　46
acyclic graph　　139
adjacency matrix　　146
adjacent　　137
and　　43
arc　　136
associative law　　4

B

base　　12, 23
base-r number　　23
bijection　　91
binary number　　25
binary relation　　107
binary tree　　143
binomial coefficient　　7
bit　　25
byte　　25

C

cardinal number　　65
ceiling function　　6
circuit　　139
common logarithm　　15
commutative law　　4
complement　　53, 72
complex number　　1
composition of mappings　　93
concept　　8
connected　　140
connotation　　66

D

de Morgan's theorem　　46
decimal　　2
decimal expression　　23
decimal number　　23
decimal system　　22
definition　　8
degree　　137
denominator　　2
denotation　　66
difference set　　73
direct product　　107
directed graph　　136
directed tree　　143
distributive law　　4
domain　　86
double-precision　　160
dozen　　22
dozenal system　　23

constant mapping　　88
contraposition　　49
corollary　　9
cycle　　139
cyclic graph　　139

E

edge　　136
element　　62
empty set　　64
Euler circuit　　140
Euler trail　　140
exponent　　12

F

factorial　7
false　41
finite set　65
fixed point number　151
floating-point number　158
floor function　5
funciton　82

G

graph　136

H

hexadecimal number　26

I

identity mapping　88
image　86
imaginary unit　3
incident　137
in-degree　137
infinite set　65
initial vertex　138
injection　89
integer　1
intersection　72
inverse　49
inverse mapping　92
irrational number　3
irreducible fraction　2

J

join　72

L

leaf　144
least significant bit　151
lemma　9
length　138
logarithm　14
loop　136
LSB　151

M

mapping　85
mathematical induction　122
meet　72
most significant bit　151
MSB　151
multiple edge　136

N

n-tuple　108
natural logarithm　15
natural number　1
node　136
not　43
number　1
numerator　2

O

obverse　49
octal number　26
1-to-1 mapping　89
onto mapping　90
or　43
out-degree　137

P

pair　107
path　138
permutation　96
positional notation　23
predicate　119
proof　9
proof by contradiction　51
proper subset　70
property　62
proposition　9

R

radix　23
range　86
rational number　1
real number　1
recurring decimal　2

recursive function call　　133

relation　　104

root　　143

rooted tree　　143

S

sequence　　6

set　　62

single-precision　　159

spanning tree　　144

strongly connected　　140

subgraph　　136

subscript　　6

subset　　68

surjection　　90

T

terminal vertex　　138

terminating decimal　　2

theorem　　9

Tower of Hanoi　　128

trail　　138

tree　　143

trigonometric functions　　83

true　　41

two's complement　　31

U

undirected graph　　136

union　　72

universal set　　71

V

Venn diagram　　60

vertex　　136

日本語

英数先頭

1 対 1 写像　　89

2 項関係　　107

2 項係数　　7

2 進数　　25

2 の補数　　31

8 進数　　26

10 進数　　23

10 進表現　　23

10 進法　　22

12 進法　　23

16 進数　　26

n 項関係　　108

n 項組　　108

r 進数　　23

あ 行

入次数　　137

上への写像　　90

裏　　49

オイラー小道　　140

オイラー閉路　　140

親（節点）　　144

か 行

外延的記法　　66

階乗　　7

概念　　8

数　　1

含意　　47

関係　　104, 107

関数　　82

木　　143

偽　　41

基数　　23, 65

基本閉路　　139

逆　　49

逆写像　　92

既約分数　　2

吸収律　　46

強連結　　140

虚数単位　　3
空集合　　64
組合せ　　97
位取り記数法　　23
グラフ　　136
系　　9
結合律　　4, 45, 94
元　　62
交換律　　4, 45, 94
合成写像　　93
恒等写像　　88
子（節点）　　144
固定小数点数　　151
弧度法　　84
小道　　138
―の長さ　　138

さ 行

最下位ビット　　151
再帰呼び出し　　133
サイクル　　139
最上位ビット　　151
差集合　　73
三角関数　　83
指数　　12
次数　　137
自然数　　1
自然対数　　15
四則演算　　3
実数　　1, 3
始点　　138
写像　　84, 85
集合　　62
終点　　138
十分条件　　47
述語　　119
循環（無限）小数　　2
順序木　　144
順序対　　107
順列　　97
小数　　2
証明　　9
常用対数　　15

真　　41
真部分集合　　70
推移律　　104
数学的帰納法　　122
数列　　6
整数　　1, 2
積集合　　72
接続　　137
絶対値　　5
節点　　136
全域木　　144
選言　　43
全射　　90
全体集合　　71
全単射　　91
像　　86
添え字　　6
属性　　62

た 行

対偶　　49
対称律　　104
対数　　14
代表元　　66
多重辺　　136
ダース　　22
単射　　89
単純グラフ　　136
単精度　　159
端点　　137
値域　　86
置換　　96
頂点　　136
直積　　107
底　　12
定義　　8
定義域　　86
定値写像　　88
定理　　9
出次数　　137
点　　136
天井関数　　6
等号関係　　104

同値　　48
ド・モルガンの定理　　46, 76

な 行

内包的記法　　66
二分木　　143
根　　143
根付き木　　143

は 行

葉　　144
倍精度　　160
バイト　　25
背理法　　51
ハノイの塔問題　　128
反射律　　104
反例　　88
ビット　　25
必要条件　　47
否定　　43
一筆書き　　140
ファイル　　80
フォルダ　　80
複素数　　1, 3
浮動小数点数　　158
部分グラフ　　136
部分集合　　68
分子　　2
分配律　　4, 45
分母　　2
閉路　　139
辺　　136
ベン図　　60
補元　　53

補集合　　72
補題　　9

ま 行

道　　138
無限集合　　65
無向グラフ　　136
無閉路グラフ　　139
無理数　　3
命題　　9, 41

や 行

有限集合　　65
有限小数　　2
有向木　　143
有向グラフ　　111, 136
有閉路グラフ　　139
有理数　　1, 2
床関数　　5
要素　　62

ら 行

ラジアン　　84
隣接　　137
隣接行列　　146
ループ　　136
連結　　140
連言　　43
論理積　　43
論理和　　43

わ 行

和集合　　72

著 者 略 歴

幸谷　智紀（こうや・とものり）

1991 年　東京理科大学理工学部数学科卒業
1993 年　日本大学大学院理工学研究科博士前期課程修了
1993 年　雇用促進事業団・石川職業能力開発短期大学校講師
1997 年　日本大学大学院理工学研究科博士後期課程修了
1997 年　博士（理学）（日本大学）
1999 年　静岡理工科大学理工学部情報システム学科講師
2008 年　静岡理工科大学総合情報学部コンピュータシステム学科講師
2011 年　静岡理工科大学総合情報学部コンピュータシステム学科准教授
2016 年　静岡理工科大学総合情報学部コンピュータシステム学科教授
2017 年　静岡理工科大学情報学部コンピュータシステム学科教授
　　　　　現在に至る

國持　良行（くにもち・よしゆき）

1987 年　静岡大学工学部情報工学科卒業
1992 年　静岡大学大学院電子科学研究科博士課程単位取得退学
1992 年　静岡理工科大学理工学部知能情報学科助手
2003 年　静岡理工科大学理工学部情報システム学科講師
2008 年　静岡理工科大学総合情報学部コンピュータシステム学科講師
2009 年　Ph.D.（Debrecen 大学）
2010 年　静岡理工科大学総合情報学部コンピュータシステム学科准教授
2016 年　静岡理工科大学総合情報学部コンピュータシステム学科教授
2017 年　静岡理工科大学情報学部コンピュータシステム学科教授
　　　　　現在に至る

編集担当	植田朝美（森北出版）	
編集責任	藤原祐介（森北出版）	
組　版	ウルス	
印　刷	丸井工文社	
製　本	同	

情報数学の基礎（第 2 版）

―例からはじめてよくわかる―　　　　　　　　　　© 幸谷智紀・國持良行　2020

2011 年 4 月 19 日	第 1 版第 1 刷発行	【本書の無断転載を禁ず】
2018 年 11 月 20 日	第 1 版第 5 刷発行	
2020 年 11 月 25 日	第 2 版第 1 刷発行	
2023 年 9 月 5 日	第 2 版第 3 刷発行	

著　　者　幸谷智紀・國持良行

発行者　森北博巳

発行所　森北出版株式会社

東京都千代田区富士見 1-4-11（〒102-0071）

電話 03-3265-8341／FAX 03-3264-8709

https://www.morikita.co.jp/

日本書籍出版協会・自然科学書協会　会員

JCOPY ＜（一社）出版者著作権管理機構　委託出版物＞

落丁・乱丁本はお取替えいたします.

Printed in Japan／ISBN978-4-627-05272-7

MEMO

MEMO

MEMO

MEMO

MEMO